现代数学基础丛书·典藏版 27

近代调和分析方法及其应用

韩永生 著

科学出版社

北 京

内 容 简 介

本书十分精炼地介绍了调和分析的主要内容和方法，侧重七十年代以来的新发展，其中包括八十年代以来取得的重大成果近代调和分析对偏微分方程发展的影响是巨大的，本书以 Lipschitz 区域的 Dirichlet 问题为例，介绍调和分析在偏微分方程中的应用.

本书可供大学高年级学生、研究生、数学工作者参考，也可作为调和分析的教材.

图书在版编目(CIP)数据

近代调和分析方法及其应用/韩永生著. —北京：科学出版社，1988.6（2016.6 重印）
（现代数学基础丛书・典藏版；27）
ISBN 978-7-03-000402-4

Ⅰ.①近… Ⅱ.①韩… Ⅲ.①调和分析 Ⅳ.①O177.5

中国版本图书馆 CIP 数据核字(2016) 第 113117 号

责任编辑：张 扬／责任校对：林青梅
责任印制：徐晓晨／封面设计：王 浩

科学出版社出版
北京东黄城根北街 16 号
邮政编码：100717
http://www.sciencep.com
北京厚诚则铭印刷科技有限公司印刷
科学出版社发行 各地新华书店经销
*
1988 年 6 月第 一 版 开本：B5(720×1000)
2016 年 6 月印 刷 印张：11 1/2
字数：140 000
定价：78.00 元
（如有印装质量问题，我社负责调换）

前　言

本讲义是根据作者 1986 年 3 月在南开大学数学所偏微分方程年“近代调和分析讲座”的讲稿整理而成的.

调和分析从产生到发展都是与微分方程的研究密切相关的，特别是五十年代以来，由 Calderón 和 Zygmund 建立和发展起来的一整套奇异积分理论在微分方程研究中得到广泛的应用. 本讲义的目的在于介绍近代调和分析所研究的基本问题、使用的基本工具和方法以及这些方法在微分方程研究中的应用. 因此，只要具有 Stein 和 Weiss 合著的“Introduction to Fourier Analysis on Euclidean Spaces”一书第一章的基础知识，就可以毫无困难地阅读前五章中绝大部分内容. 至于在调和分析研究领域内的一些重要结果，由于证明复杂，所占篇幅较长，我们只是适当地介绍，对有兴趣的读者，我们给出了参考文献以便查阅.

本讲义的具体安排是：第一章主要讨论 Hardy-Littlewood 极大函数和 Calderón-Zygmund 分解，它们是调和分析研究中十分基本、十分重要的工具，在以后各章中，极大函数在许多不等式估计中起了重要的作用，而许多基本定理都是用 Calderón-Zygmund 分解来统一处理的. 第二章讨论 A_p-权函数，我们从研究极大函数的加权不等式这个问题出发，引入 A_p-权函数类，进而讨论 A_p-权函数的基本性质，着重介绍了反向 Hölder 不等式. A_p-权函数理论不仅在目前调和分析的研究中是一个十分活跃的领域，而且在微分方程的研究中也得到越来越多的应用. 鉴于 Giaquinta 的“Multiple Integrals in the Calculas of Variations and Nonlinear Elliptic Systems”一书和 Stredulinsky 的“Weighted Inequalities and Degenerate Elliptic Partial Differential Equations”一书对反向 Hölder 不等式和 A_p-权函数在微分方程研究中的应用已经做了详细的讨论，所以对 A_p-权函数在微分方程中的应用我们只给出了有关的文献. 第三章讨论 BMO 函数空间. BMO 最初产生于微分方程的研究，在近代调和分析中，BMO 作为 L^∞ 的替代空间以及作为 Hardy 空间 H^1 的对偶空间，引起了人们的极大关注. 特别是八十年代刚刚发现并证明的所谓"$T1$"定理，是近代调和分析发展中所取得的重大成果之一. 而"$T1$"定理的证明是应用 BMO 空间最突出的例子之一. 考虑到内容的安排，有关 BMO 的这些重要结果都放到第四章和第五章中去了. 同样地，BMO 空间在微分方程中也有许多应用，这可以在 Giaquinta 的书里找到，我们没有作详细介绍. 第四章讨论 H^p 空间. 我们在简略地介绍单位圆内经典的 H^p 空间之后，着重介绍了七十年代以来发展起来的 H^p 空间的实变理论，这就是 H^p 空间的极大函数刻划、原子刻划和分子刻划. 通过 H^p 空间的对偶空间，Calderón-Zygmund 算子在 H^p 空间上的作用以及算子在 H^p 空间中的内插，说明了原子 H^p 空间的优越性. 由于篇幅所限，我们没有介绍乘积区域和齐性空间上的 H^p 空间理论，有兴趣的读者可以通过参考文献找到这方面的内容. 第五章讨论 Calderón-Zygmund 奇异积分理论. 我们从简单的卷积算子出发，介绍了 Calderón-Zygmund 理论的基本思想、方法和应用. 最后介绍的 Calderón-Zygmund 算子是在伪微分算子的研究中建立和发展起来的，Coifman和 Meyer 的长篇论文"Au-dela des Operafeurs Pseudo-Differentiels"对此作了详细讨论，因此我们没有提及. 第六章讨论 Lipschitz 区域上 Laplace 方程的边值问题. 在这一章我们用到了前面五章所介绍的几乎所有的方法，它突出地反映了调和分析的方法如何具体地应用于微分方程的研究. 由于这部分的内容较新，结果又较多，特别是方程组问题还没有完全解决，所以我们着重介绍了 Lipschitz 区域上 Dirichlet 问题的 L^2 和 L^p 理论.

本讲义主要取材于 Stein 的"Singular Integrals and Differentiability Properties of Functions"; Stein 和 Weiss 的"Introduction to Fourier Analysis on Euclidean Spaces";Jean-Lin Journé 的

"Calderón-Zygmund Operators, Pseudo Differential Operators and the Cauchy Integral of Calderón"; Dahlberg 和 Kenig 的 "Harmonic Analysis and Partial Differential Equations"以及 Kenig 的"Recent Progress on Boundary Value Problems on Lipschitz Domains."

作者十分感激偏微分方程年组织委员会，特别是王柔怀先生和张恭庆先生的邀请．孙和生先生、陈恕行和仇庆久教授给作者许多鼓励和支持；王文生同志在整理讲稿中付出了大量劳动；南开大学数学所给予作者大量的照顾和关心，作者愿意借此机会表示衷心的感谢．此外，作者还十分感激程民德先生，邓东皋教授和 G. Weiss 教授多年来的教导和培养．

由于作者水平有限，加之时间仓促，在讲义中一定存在不少缺点和错误，欢迎批评指正．

韩永生

1986 年 7 月

目　录

第一章 Hardy-Littlewood 极大函数

§1. 引 言

根据 Lebesgue 基本定理，对几乎处处的 $x\in\mathbf{R}^n$，我们有

$$(1.1)\qquad \lim_{r\to 0}\frac{1}{m(B(x,r))}\int_{B(x,r)} f(y)dy=f(x),$$

其中 f 是定义在 $\mathbf{R}^n$ 上的局部可积函数，$B(x,r)$ 是以 x 为中心，r 为半径的球，$m(B(x,r))$ 是球 $B(x,r)$ 的 Lebesgue 测度.

为了研究极限(1.1)，我们考虑另一个量，即在(1.1)左边用"sup"代替"$\lim\limits_{r\to 0}$"：这就是极大函数，记作 $M(f)$. 因为我们仅注意该函数的大小而不去考虑函数正、负相消部分，我们将以 $|f|$ 代替 f. 这样，我们就定义 f 的 Hardy-Littlewood 极大函数为

$$(1.2)\qquad M(f)(x)=\sup_{r>0}\frac{1}{m(B(x,r))}\int_{B(x,r)}|f(y)|dy.$$

显然，并不排除 $M(f)(x)$ 在某些点处取无穷的情形.

Hardy-Littlewood 极大函数在调和分析的研究中占有极其重要的地位，并且有许多重要的应用. 我们知道，实变理论的基本思想是与集合、函数、积分和微分等概念紧密相关的，其中积分的微分理论就是 Lebesgue 积分理论的重要课题，Hardy-Littlewood 极大函数便是研究这一课题的主要工具. 关于极大函数的一个基本结论是它满足所谓的弱型不等式，而证明这一结论的关键是某一类型的覆盖引理. 在这一章里，我们不但要研究上述内容，而且要给出 $\mathbf{R}^n$ 中一般开集的 Whitney 分解. 把函数分解成主要部分和次要部分，是 Calderón-Zygmund 推广 Riesz 的"太阳升引理"后所创立和发展起来的基本实变方法，它在近代调和分析的研究中具有广泛的应用. 本章我们将给出著名的 Calderón-Zygmund 分解

的证明，进一步，为得到 Hardy-Littlewood 极大函数在 $L^p(\mathbf{R}^n)$ $(1<p<\infty)$上的结果，我们要介绍 Marcinkiewitz 内插定理的一个特殊形式。最后，我们要讨论 Hardy-Littlewood 极大函数和调和函数非切向收敛的关系。

§2. Hardy-Littlewood 极大函数

定义(2.1) 设 f 是 $\mathbf{R}^n$ 上局部可积函数，我们定义

$$M(f)(x)=\sup_{r>0}\frac{1}{m(B(x,r))}\int_{B(x,r)}|f(y)|dy \tag{2.2}$$

是 f 的 Hardy-Littlewood 极大函数，其中 $B(x,r)$，$r>0$，表示是以 x 为中心，r 为半径的球，$m(B(x,r))$ 是球 $B(x,r)$ 的 Lebesgue 测度。

我们给出几个简单的例子。

例 1：设 $n=1$，$f=\chi_{[0,1]}$，即 $[0,1]$ 区间上的特征函数，则

$$M(f)(x)=\begin{cases}\dfrac{1}{|x|+1}, & \text{如果}\quad x<0,\\ 1, & \text{如果}\quad 0\leqslant x\leqslant 1,\\ \dfrac{1}{x}, & \text{如果}\quad x>1.\end{cases}$$

例 2：设 $n=1$，$f(x)=|x|^{-\frac{1}{p}}$，$p>1$，则存在常数 c_p，仅与 p 有关，使得

$$M(f)(x)=c_pf(x).$$

为了研究极大函数进一步的性质，我们需要一些定义和记号：

定义(2.3) 设 $g(x)$ 是 $\mathbf{R}^n$ 上的实函数，对每一个 $\alpha>0$，考虑集合 $\{x\in\mathbf{R}^n:|g(x)|>\alpha\}$，我们定义这个集合的 Lebesgue 测度为 $g(x)$ 的分布函数，记作 $\lambda_g(\alpha)$，或 $\lambda(\alpha)$。

容易验证，对任意 $g\in L^p(\mathbf{R}^n)$，有

$$\int_{\mathbf{R}^n}|g(x)|^pdx=p\int_0^\infty\alpha^{p-1}\lambda(\alpha)d\alpha.$$

特别地，当 $p=\infty$ 时，$\|g\|_\infty=\inf\{\alpha:\lambda(\alpha)=0\}$.

下面我们将证明本书的主要定理，即所谓"极大函数定理".

定理 (2.4) 设 f 是定义在 $\mathbb{R}^n$ 上的函数，

(a) 如果 $f\in L^p(\mathbb{R}^n)$，$1\leqslant p\leqslant\infty$，则 $M(f)(x)$ 几乎处处有限，

(b) 如果 $f\in L^1(\mathbb{R}^n)$，则对 $\alpha>0$，

$$(2.5)\qquad |\{x\in\mathbb{R}^n:\ M(f)(x)>\alpha\}|\leqslant\frac{A}{\alpha}\int_{\mathbb{R}^n}|f(x)|dx,$$

其中 A 是仅与维数 n 有关的常数，而(2.5)称作 $M(f)$ 满足弱(1,1)型；

(c) 如果 $f\in L^p(\mathbb{R}^n)$，$1<p\leqslant\infty$，则 $M(f)\in L^p(\mathbb{R}^n)$，且存在 A_p 使得

$$(2.6)\qquad \|M(f)\|_p\leqslant A_p\|f\|_p,$$

其中 A_p 是仅依赖于 p 和维数 n 的常数，而(2.6)称作 $M(f)$ 满足强 (p,p) 型或简称作 $M(f)$ 满足 (p,p) 型.

Lebesgue 基本定理可以作为定理 (2.4) 的直接推论.

推论 (2.7) 如果 $f\in L^p(\mathbb{R}^n)$，$1\leqslant p\leqslant\infty$，或更一般地，$f$ 局部可积，则

$$\lim_{r\to0}\frac{1}{|B(x,r)|}\int_{B(x,r)}f(y)dy=f(x)$$

对几乎处处的 $x\in\mathbb{R}^n$ 成立，这里 $|B(x,r)|=m(B(x,r))$. 以下我们都用此记号表示某集合的 Lebesgue 测度.

在证明定理(2.4)之前，我们作如下说明：

(1) 定理 (2.4) 关于 (c) 的结论对于 $p=1$ 是不成立的，即 $f\to M(f)$ 不是 $L^1(\mathbb{R}^n)$ 上的有界算子，这可以由例 1 得到证明.

(2) Stein 最近证明了 (c) 中的常数 A_p 实际上仅仅依赖于 p 而与维数 n 无关. 他的证明用到了 Littlewood-Paley-Stein 理论，具体可看[1].

定理的证明依赖于 § 3 中 Vitali 型覆盖引理. 为了进一步理解极大函数弱型不等式的实质，我们引进所谓的"二进极大函数"

$M_d(f)$:

$$(2.8)\qquad M_d(f)(x)=\sup_{\substack{x\in Q\\ Q\text{是二进方体}}}\frac{1}{|Q|}\int_Q|f(y)|dy,$$

这里所谓二进方体是指形如 $[j_1 2^k, (j_1+1)2^k]\times\cdots\times[j_n 2^k, (j_n+1)2^k]$ 的方体，其中 $j_i\in\mathbf{Z}, k\in\mathbf{Z}, i=1,2,\cdots$.

值得注意的是二进方体有以下基本性质：若 Q_1 和 Q_2 是两个二进方体，则要么 $Q_1\subseteq Q_2$ 或 $Q_2\subseteq Q_1$，要么 $Q_1\cap Q_2=\varnothing$. 换言之，任意两个二进方体要么有包含关系，要么不相交——此时以及以后我们称两个方体不相交均指方体的内部不相交.

对于二进极大函数 $M_d(f)$，我们直接证明它满足弱(1,1)型，即对任意 $\alpha>0$，存在常数 A 使得

$$(2.9)\qquad |\{x\in\mathbf{R}^n:\ M_d(f)(x)>\alpha\}|\leqslant\frac{A}{\alpha}\int_{\mathbf{R}^n}|f(x)|dx.$$

我们记 $\{Q_j\}_{j=1}^{\infty}$ 是满足下述不等式中的极大二进方体

$$(2.10)\qquad \frac{1}{|Q|}\int_Q|f(x)|dx>\alpha,$$

也就是说如果 Q 是一个二进方体且对某个 $Q_j\subsetneqq Q$，则

$$\frac{1}{|Q|}\int_Q|f(x)|dx\leqslant\alpha.$$

我们要证明 $\{x\in\mathbf{R}^n:\ M_d(f)(x)>\alpha\}=\bigcup_j Q_j$. 显然，$\bigcup_j Q_j\subseteq\{x\in\mathbf{R}^n:\ M_d(f)(x)>\alpha\}$，这是因为若 $x\in\bigcup_j Q_j$，则存在某个 j_0，使得 $x\in Q_{j_0}$. 根据 $\{Q_j\}$ 的定义，我们有

$$M_d(f)(x)\geqslant\frac{1}{|Q_{j_0}|}\int_{Q_{j_0}}|f(y)|dy>\alpha.$$

这说明 $x\in\{x\in\mathbf{R}^n:\ M_d(f)(x)>\alpha\}$. 反之，若 $x\in\{x\in\mathbf{R}^n:\ M_d(f)(x)>\alpha\}$，则根据 $M_d(f)$ 的定义，存在一个二进方体 Q 使得 $x\in Q$，同时还有

$$\frac{1}{|Q|}\int_Q|f(y)|dy>\alpha.$$

对于这个二进方体 Q，一定存在一个极大的二进方体 Q_j 使得 $Q\subseteq Q_j$. 这就证明了 $x\in Q_j$ 从而 $x\in\bigcup_j Q_j$.

为了证明 $M_d(f)$ 满足弱(1,1)型，我们仅需要说明 $\{Q_j\}_{j=1}^{\infty}$ 是相互不交的二进方体集合，因为这样我们就有

$$|\{x\in\mathbf{R}^n: M_d(f)(x)>\alpha\}|=\left|\bigcup_j Q_j\right|=\sum|Q_j|$$

$$\leqslant\sum\frac{1}{\alpha}\int_{Q_j}|f(x)|dx=\frac{1}{\alpha}\int_{\bigcup_j Q_j}|f(x)|dx\leqslant\frac{1}{\alpha}\int_{\mathbf{R}^n}|f(x)|dx.$$

$\{Q_j\}_{j=1}^{\infty}$ 是相互不交的二进方体集合这一事实可以由上面指出的二进方体所具有的基本性质立即得到，因为如果有两个 Q_{j_1} 和 Q_{j_2} 相交，则一定有 $Q_{j_1}\subseteq Q_{j_2}$ 或者 $Q_{j_2}\subseteq Q_{j_1}$，再由$\{Q_j\}$的极大性推出 $Q_{j_1}=Q_{j_2}$.

从上面的证明可以看到，集合 $\{x\in\mathbf{R}^n:\ M_d(f)(x)>\alpha\}$ 可以分解成 $\bigcup_j Q_j$，其中 Q_j 是具有一定性质的二进方体. 但是，对于一般的集合 $\{x\in\mathbf{R}^n:\ M(f)(x)>\alpha\}$ 是不能得到如此的"正规分解". 这时我们要依赖于下面的 Vitali 型覆盖引理.

引理 (2.11) (Vitali 型覆盖引理) 设 E 是 $\mathbf{R}^n$ 中一个可测子集，球族 $\{B_\alpha\}$ 覆盖 E 且球 B_α 的直径是有界的，则存在互不相交的可列球族 $\{B_k\}_{k=1}^{\infty}$，使得

$$\sum_k|B_k|\geqslant c|E|$$

其中 c 是仅与维数有关的常数.

我们将在 § 3 中给出上述覆盖引理的证明.

现令 $E_\alpha=\{x\in\mathbf{R}^n:\ M(f)(x)>\alpha\}$，显然 E_α 是 $\mathbf{R}^n$ 中的一个开集，所以对于任意的 $x\in E_\alpha$，存在一个以 x 为中心的球 B_x 使得

$$\frac{1}{|B_x|}\int_{B_x}|f(y)|dy>\alpha.$$

由此我们得到

$$|B_x| < \frac{1}{\alpha}\int_{B_x}|f(y)|dy \leqslant \frac{1}{\alpha}\|f\|_1 < \infty$$

对一切 $x \in E_\alpha$ 成立。同时，当 x 取遍 E_α 时，B_x 将覆盖 E_α。由引理(2.11)，我们可以选取互不相交的可列球 $\{B_k\}_{k=1}^{\infty}$，使得

$$\sum_k |B_k| \geqslant c|E_\alpha|.$$

于是我们有

$$\int_{\bigcup_k B_k} |f(y)|dy > \alpha\sum_k |B_k| \geqslant c\alpha|E_\alpha|.$$

这就证明了定理(2.4)中(b)的结论。同时，这也证明了定理(2.4)中(a)关于 $p=1$ 的结论。

现在我们证明定理(2.4)中关于(c)的结论。显然，当 $p=\infty$ 时，(c)中结论是成立的且 $A_\infty=1$。为了证明 $1<p<\infty$ 的结论，我们可以利用一般算子的内插结果，在 §6 中我们将给出这方面的结果和证明。这里，我们利用对函数进行适当分解的方法，证明(c)中关于 $1<p<\infty$ 的结论。这种分解函数的思想是调和分析研究中的主要思想之一，以后我们还将不断地给出这种思想的应用。

设 $f \in L^p\ (1<p<\infty)$，$f_1(x)=f(x)$，其中 $|f(x)| \geqslant \frac{\alpha}{2}$，$\alpha$ 是任意固定的正数，$f_1(x)=0$ 当 $|f(x)|<\frac{\alpha}{2}$ 时，则 $|f(x)| \leqslant |f_1(x)| + \frac{\alpha}{2}$。于是

$$M(f)(x) \leqslant M(f_1)(x) + \frac{\alpha}{2}.$$

所以

$$\left\{x \in \mathbf{R}^n:\ M(f)(x) > \alpha\right\} \subset \left\{x \in \mathbf{R}^n: M(f_1)(x) > \frac{\alpha}{2}\right\}.$$

这样我们就得到

$$|\{x \in \mathbf{R}^n: M(f)(x) > \alpha\}| \leqslant \left|\left\{x \in \mathbf{R}^n:\ M(f_1)(x) > \frac{\alpha}{2}\right\}\right|$$

$$\leqslant \frac{2A}{\alpha}\int_{\mathbf{R}^n} |f_1(x)|\,dx = \frac{2A}{\alpha}\int_{\{x\in\mathbf{R}^n: |f(x)|\geqslant\frac{\alpha}{2}\}} |f(x)|\,dx.$$

其中用到了定理 (2.4) 中 (b) 的结论以及 $f_1 \in L^1(\mathbf{R}^n)$ 的事实. 所以,

$$\begin{aligned}\int_{\mathbf{R}^n} (M(f))^p(x)\,dx &= p\int_0^\infty \alpha^{p-1}|E_\alpha|\,d\alpha \\ &\leqslant p\int_0^\infty \alpha^{p-1}\left(\frac{2A}{\alpha}\int_{\{x: |f(x)|\geqslant\frac{\alpha}{2}\}} |f(x)|\,dx\right)d\alpha \\ &\leqslant 2Ap\int_{\mathbf{R}^n} |f(x)|\left(\int_0^{2|f(x)|} \alpha^{p-2}\,d\alpha\right)dx \\ &= \frac{2^pAp}{p-1}\int_{\mathbf{R}^n} |f(x)|^p\,dx.\end{aligned}$$

这就证明了定理 (2.4) 中关于 (c) 的结论.

定理 (2.4) 关于 (a) 中的结论可直接由 (c) 的结论得到. 定理 (2.4) 证完.

我们现在证明推论 (2.7): 令

$$f_r(x) = \frac{1}{|B(x,r)|}\int_{B(x,r)} f(y)\,dy,\quad r>0 \tag{2.12}$$

我们知道若 $f\in L^1(\mathbf{R}^n)$, 则当 $r\to 0$ 时, $\|f_r - f\|_1 \to 0$ 这样, 存在子序列 $\{r_k\}\to 0$, 使得 $f_{r_k}\to f$ 对几乎处处 $x\in\mathbf{R}^n$ 成立. 剩下我们只需要证明极限 $\lim\limits_{r\to 0} f_r(x)$ 对几乎处处 $x\in\mathbf{R}^n$ 存在. 为此设

$$\Omega g(x) = \overline{\lim_{r\to 0}}\, g_r(x) - \underline{\lim_{r\to 0}}\, g_r(x), \tag{2.13}$$

其中 $g\in L^1(\mathbf{R}^n), x\in\mathbf{R}^n, g_r$ 如 (2.12) 所定义. 如果 g 是具有紧支集的连续函数, 则 $g_r\to g$ 一致地成立, 因此 $\Omega g(x)\equiv 0$. 如果 $g\in L^1(\mathbf{R}^n)$, 则由定理 (2.4) 中 (b) 的结论

$$|\{x\in\mathbf{R}^n: 2Mg(x)>\varepsilon\}| \leqslant \frac{2A}{\varepsilon}\|g\|_1.$$

显然, $$\Omega g(x)\leqslant 2Mg(x).$$

因此,

$$|\{x\in \mathbf{R}^n:\ \Omega g(x)>\varepsilon\}|\leqslant \frac{2A}{\varepsilon}\|g\|_1.$$

现对 $f\in L^1(\mathbf{R}^n)$, f 可以分解为 $f=h+g$, 其中 h 是具有紧支集的连续函数，而 g 具有充分小的 L^1 范数. 由于 $\Omega(f)\leqslant \Omega(h)+\Omega(g), \Omega(h)\equiv 0$, 所以

$$|\{x\in \mathbf{R}^n:\Omega(f)(x)>\varepsilon\}|\leqslant |\{x\in \mathbf{R}^n:\Omega(g)(x)>\varepsilon\}|$$
$$\leqslant \frac{2A}{\varepsilon}\|g\|_1.$$

通过选取 g 的 L^1 范数任意小可以知道，对任给 $\varepsilon>0, |\{x\in \mathbf{R}^n:\Omega(f)(x)>\varepsilon\}|=0$. 这证明了 $\lim\limits_{r\to 0} f_r(x)$ 几乎处处存在，推论(2.7)获证.

§3. Vitali 型覆盖引理

我们证明引理 (2.11). 首先阐明挑选 $\{B_k\}$ 的准则：我们尽可能大地选取 B_1, 使得 B_1 的直径不小于 $\frac{1}{2}\sup\{B_\alpha$ 的直径$\}$. 显然，这样的 B_1 是存在的，尽管它不一定是唯一的. 不妨设 B_1, $B_2, \cdots, B_k$ 已经挑选完毕，我们如下挑选 B_{k+1}: 在 $\{B_\alpha\}$ 中与 $\{B_1, B_2, \cdots, B_k\}$ 不相交的球族里尽可能大地挑选 B_{k+1} 使得 B_{k+1} 的直径不小于 $\frac{1}{2}\sup\{B_\alpha$ 中与 $\{B_1, B_2, \cdots, B_k\}$ 不相交球的直径$\}$. 这样我们选出了可列球：$B_1, B_2, \cdots, B_k, \cdots$. 有两种情况应该考虑：第一，如果所选出的球列是有限的，且在 B_k 停止，这说明在 $\{B_\alpha\}$ 中没有球与 $B_1, B_2, \cdots, B_k$ 不相交，因此，对任意 $x\in E$, 一定存在一个 $B_{\alpha_0}\in\{B_\alpha\}$ 使得 $x\in B_{\alpha_0}$ 且 B_{α_0} 与 B_1, $B_2, \cdots, B_k$ 中的某一个相交. 我们设 B_i 是第一个与 B_{α_0} 相交的在 $\{B_k\}$ 中的球. 显然，B_i 的直径不小于 B_{α_0} 直径的一半. 于是 $B_{\alpha_0}\subseteq 5B_i$, 这里 $5B_i$ 表示与 B_i 同心半径扩大 5 倍的球. 这就证明了 $E\subseteq \bigcup\limits_{j=1}^{k} 5B_j$, 从而得到 $|E|\leqslant \left|\bigcup\limits_{j=1}^{k} 5B_j\right|\leqslant \sum\limits_{j=1}^{k}|5B_j|\leqslant$

$5^n\sum\limits_{j=1}^{k}|B_j|$. 第二我们考虑所选出的球列 $\{B_k\}$ 是无限的情形. 如果此时 $\sum\limits_{k=1}^{\infty}|B_k|=\infty$,则结论自然成立. 不妨设 $\sum\limits_{k=1}^{\infty}|B_k|<\infty$,记 $B_k^*=5B_k$,我们断言 $E\subseteq\bigcup\limits_{k=1}^{\infty}B_k^*$. 由此可立即得到引理(2.11)的结论. 为证明断言,我们只需要证明 $B_\alpha\subseteq\bigcup\limits_{k}B_k^*$ 对球族 $\{B_\alpha\}$ 中的每一个球 B_α 成立. 当然,我们可以认为 B_α 不是所选出球列 $\{B_k\}$ 中的球. 由 $\sum\limits_{k=1}^{\infty}|B_k|<\infty$ 可知 B_k 的直径趋于 0, 当 $k\to\infty$ 时. 于是存在 k 使得 B_{k+1} 的直径小于 $\frac{1}{2}B_\alpha$ 的直径. 同时我们不妨假设 k 是满足此性质中最小的. 我们有 B_α 必须与 $\{B_1, B_2, \cdots, B_k\}$ 中的某一个相交,否则,应该有 B_{k+1} 的直径不小于 B_α 直径的一半. 设 B_α 与 B_j 相交, $1\leqslant j\leqslant k$. 同理还可推出 B_α 的直径不大于 B_j 直径的两倍,再由简单的几何事实得出 $B_\alpha\subseteq 5B_j$. 引理 (2.11) 至此证完.

§4. $\mathbb{R}^n$ 中的开集分解

我们知道,直线上的任何一个开集都可以唯一地分解成可列个开区间的并集. 但当维数 $\geqslant 2$ 时,情况就并非如此简单. 本节我们将给出的开集分解有许多应用,其分解思想是由 Whitney 首先引入的,故有时亦称为开集的 Whitney 分解. 我们说 Q 是 $\mathbf{R}^n$ 中的一个方体,是指 Q 是闭的,其边平行于坐标轴. $\operatorname{diam}(Q)$ 记作 Q 的直径, $\operatorname{dist}(Q,F)$ 记作 Q 与集合 F 的距离.

定理 (4.1) (Whitney 分解定理) 设 F 是给定的闭集,则存在方体集合 $\mathscr{F}=\{Q_1, Q_2, \cdots, Q_k, \cdots\}$, 使得

(1) $\bigcup\limits_{k}Q_k=\Omega=F^c$;

(2) $\{Q_k\}$ 互不相交;

(3) $c_1\operatorname{diam}(Q_k)\leqslant\operatorname{dist}(Q_k, F)\leqslant c_2\operatorname{diam}(Q_k)$.

其中 c_1, c_2 与 F 无关(实际上,我们可以取 $c_1=1$, $c_2=4$).

证明: 考虑 $\mathbf{R}^n$ 中的格点以及由这些格点构成的方体集合:首先考虑单位方体集合并记作 $\mathscr{M}_0$. 令 $\mathscr{M}_k=2^{-k}\mathscr{M}_0$, 于是 $\mathscr{M}_{k+1}$ 中的每一个方体是由 $\mathscr{M}_k$ 中的某一个方体等分 2^n 份后得到的. $\mathscr{M}_k$ 中每一个方体的边长为 2^{-k}, 它的直径是 $\sqrt{n}\,2^{-k}$. 再令 $\Omega_k=\{x\in\mathbf{R}^n: c2^{-k}<\mathrm{dist}(x, F)\leqslant c2^{-k+1}\}$, 其中 $c>0$ 是一个待定常数, 显然, $\Omega=\bigcup_{-\infty}^{+\infty}\Omega_k$. 令

$$\mathscr{F}_0=\{Q\in\mathscr{M}_k: Q\cap\Omega_k\neq\varnothing\}_{k=-\infty}^{+\infty}, \text{则 } \Omega=\bigcup_{Q\in\mathscr{F}_0}Q.$$

对于适当的 c, $\mathrm{diam}(Q)\leqslant\mathrm{dist}(Q, F)\leqslant 4\mathrm{diam}(Q)$, 其中 $Q\in\mathscr{F}_0$. 为了证明这一点,设 $Q\in\mathscr{M}_k$, 则 $\mathrm{diam}(Q)=\sqrt{n}\,2^{-k}$, 而 $Q\in\mathscr{F}_0$, 所以存在 $x\in Q\cap\Omega_k$, 这就推出 $\mathrm{dist}(Q, F)\leqslant\mathrm{dist}(x,F)\leqslant c2^{-k+1}$ 以及 $\mathrm{dist}(Q,F)\geqslant\mathrm{dist}(x,F)-\mathrm{diam}(Q)>c2^{-k}-\sqrt{n}\,2^{-k}$. 于是只要取 $c=2\sqrt{n}$, 前述两个不等式就可以同时成立.

显然,除了 (2) 以外, $\mathscr{F}_0$ 满足定理的要求. 剩下我们将精化所做的挑选, 为此, 需要下面简单的事实: 设 Q_1 和 Q_2 是分别由 $\mathscr{M}_{k_1}$ 和 $\mathscr{M}_{k_2}$ 中选取的两个方体, 如果 Q_1 和 Q_2 相交, 则一定是一个被另一个所包含. 特别地,如果 $k_1\geqslant k_2$, 则 $Q_1\subset Q_2$. 这是因为 Q_1 和 Q_2 都是二进方体. 现从任何一个 $Q\in\mathscr{F}_0$ 开始, 并考虑在 $\mathscr{F}_0$ 中包含 Q 的极大方体. 设 $Q'\in\mathscr{F}_0$, $Q\subset Q'$, 则 $\mathrm{diam}(Q')\leqslant\mathrm{dist}(Q', F)\leqslant\mathrm{dist}(Q, F)\leqslant 4\mathrm{diam}(Q)$ 这说明存在最大的方体包含 Q. 另外, 由上述简单的事实说明, 极大方体是唯一的. 现令 $\mathscr{F}$ 是 $\mathscr{F}_0$ 中所有的极大方体集合, 则 $\mathscr{F}$ 中的方体满足定理的要求. 定理证完.

我们对定理证明中的 $\mathscr{F}$ 作进一步说明. 我们称 $Q_1, Q_2\in\mathscr{F}$ 是相接的,如果它们有公共的边界.

命题 (4.2): 设 $Q_1, Q_2\in\mathscr{F}$ 且它们是相接的,则

$$\frac{1}{4}\operatorname{diam}(Q_2) \leqslant \operatorname{diam}(Q_1) \leqslant 4\operatorname{diam}(Q_2).$$

这是因为 $\operatorname{dist}(Q_1, F) \leqslant 4\operatorname{diam}(Q_1)$，于是我们得到 $\operatorname{dist}(Q_2, F) \leqslant 4\operatorname{diam}(Q_1) + \operatorname{diam}(Q_1) = 5\operatorname{diam}(Q_1)$ 而 $\operatorname{diam}(Q_2) \leqslant \operatorname{dist}\cdot(Q_2, F)$，故 $\operatorname{diam}(Q_2) \leqslant 5\operatorname{diam}(Q_1)$ 然而存在某个 k 使得 $\operatorname{diam}\cdot(Q_1) = 2^k \operatorname{diam}(Q_2)$，所以 $\operatorname{diam}(Q_2) \leqslant 4\operatorname{diam}(Q_1)$ 再由对称性可以得到命题 (4.2) 的另一部分的证明.

命题 (4.3) 存在常数 N 仅与维数 n 有关，对任何 $Q \in \mathscr{F}$，在 $\mathscr{F}$ 中至多有 N 个方体与 Q 相接.

实际上，只要取 $N = 12^n$. 因为可以设 $Q \in \mathscr{M}_k$，则有 3^n 个方体(包括 Q 本身)属于 $\mathscr{M}_k$ 只与 Q 相接. 其次，$\mathscr{M}_k$ 中每个方体至多包含 $\mathscr{F}$ 中 4^n 个半径 $\geqslant \frac{1}{4}\operatorname{diam}(Q)$ 的方体.

设 Q_k 是 $\mathscr{F}$ 中任意一个方体，x_k 是其中心，l_k 是其边长，则 $\operatorname{diam}(Q_k) = \sqrt{n}\, l_k$. 对于 $\varepsilon: 0 < \varepsilon < 1/4$，$Q_k^* = (1+\varepsilon)Q_k$，显然，$Q_k \subset Q_k^*$，而 Q_k^* 不再具有不交性. 但是我们有:

命题 (4.4) Ω 中的每一个点至多属于 N 个 Q_k^*.

若 Q 和 $Q_k \in \mathscr{F}$，则当 Q_k 与 Q 相接时，Q_k^* 才可能与 Q 相交(为看清这一点，只要考虑 $\mathscr{F}$ 中所有与 Q_k 相接的方体的并集). 因为所有这些方体的直径不小于 $\frac{1}{4}\operatorname{diam}(Q_k)$，显然，这个并集包含 Q_k^*，所以若 Q 与 Q_k^* 有交，则仅当 Q 与 Q_k 相接. 然而对任何 $x \in \Omega$ 属于某一个方体 $Q \in \mathscr{F}$，由命题 (4.3)，至多有 N 个方体 Q_k 与 Q 相接，从而至多有 N 个 Q_k^* 包含 x.

令 Q_0 是以原点为中心的单位方体. 固定一个 C^∞ 函数 $\varphi: 0 \leqslant \varphi \leqslant 1$; $\varphi(x) = 1$，当 $x \in Q_0$ 时，$\varphi(x) = 0$，当 $x \notin (1+\varepsilon)Q_0$ 时. 再令 $\varphi_k(x) = \varphi\left(\frac{x - x_k}{l_k}\right)$，其中 x_k 是 $Q_k \in \mathscr{F}$ 的中心，l_k 是 Q_k 的边长，则 $\varphi_k(x) = 1$，当 $x \in Q_k$ 而 $\varphi_k(x) = 0$，当 $x \notin Q_k^*$. 进一步还有

$$\left|\left(\frac{\partial}{\partial x}\right)^\alpha \varphi_k(x)\right| \leqslant A_\alpha(\operatorname{diam}(Q_k))^{-|\alpha|}.$$

定义 $\varphi_k^*(x)=\varphi_k(x)\Phi^{-1}(x),\ x\in\Omega$，其中 $\Phi(x)=\sum_k\varphi_k(x)$. 显然

$$\sum_k\varphi_k^*(x)\equiv 1,\quad x\in\Omega.$$

我们称上式为单位分解.

§5. Calderón-Zygmund 分解

本节我们将证明在调和分析中十分基本、十分重要的工具之一——Calderón-Zygmund 分解.

定理 (5.1) (Calderón-Zygmund 分解) 设 f 是 $\mathbf{R}^n$ 上非负可积函数，α 是任意固定的正数，则存在 $\mathbf{R}^n$ 的一个分解，使得

(1) $\mathbf{R}^n=F\cup\Omega,\ F\cap\Omega=\varnothing$;

(2) $f(x)\leqslant\alpha$，对几乎处处 $x\in F$;

(3) $\Omega=\bigcup_k Q_k$，Q_k 是互不相交的方体，进一步，对于每一个方体 Q_k 还满足

$$\alpha<\frac{1}{|Q_k|}\int_{Q_k}f(x)dx\leqslant 2^n\alpha.$$

证明：我们将 $\mathbf{R}^n$ 等分成方体，显然内部不交，同时使得方体的直径充分大以保证

$$\frac{1}{|Q'|}\int_{Q'}f(x)dx\leqslant\alpha.$$

设 Q' 是满足上述不等式的任意一个方体，将 Q' 等分成 2^n 个相等的小方体，并记 Q'' 是新的小方体中的某一个，这时有两种情形需要考虑:

(i) $\dfrac{1}{|Q''|}\displaystyle\int_{Q''}f(x)dx\leqslant\alpha$;

(ii) $\dfrac{1}{|Q''|}\displaystyle\int_{Q''}f(x)dx>\alpha$.

对于情形 (ii)，我们不再对 Q'' 进行等分，这时我们有

$$\alpha < \frac{1}{|Q''|}\int_{Q''} f(x)dx \leqslant \frac{1}{2^{-n}|Q'|}\int_{Q'} f(x)dx \leqslant 2^n\alpha.$$

对于情形 (i) 我们继续等分 Q''，并进行同样的程序. 这样我们得到 $\Omega = \bigcup_k Q_k$，对几乎处处 $x \in F = \Omega^c$，因为

$$f(x) = \lim_{\substack{x \in Q \\ |Q| \to 0}} \frac{1}{|Q|}\int_Q f(y)dy \leqslant \alpha,$$

这就证明了 (2). 显然，(1)，(2) 可以由分解直接得到. 定理证完.

推论 (5.2) 设 f，α，Ω，$\{Q_k\}_{k=1}^{\infty}$ 满足定理(5.1)中的条件，则存在两个常数 A 和 B，仅依赖于维数 n，使得定理 (5.1) 中 (1)，(2) 成立且

(1′) $|\Omega| \leqslant \frac{A}{\alpha}\|f\|_1$,

(2′) $\frac{1}{|Q_k|}\int_{Q_k} f(y)dy \leqslant B\alpha$.

实际上，只要取 $B = 2^n$，$A = 1$ 即可.

下面的定理表明了 Calderón-Zygmund 分解与 Hardy-Littlewood 极大函数之间的关系.

定理 (5.3) 设 f，α，$\{Q_k\}$ 如定理 (5.1) 所述，$\widetilde{Q}_k$ 表示与 Q_k 同心，边长是 Q_k 边长的三倍的方体，则存在正常数 c 和 C，使得

(1) $\bigcup_k Q_k \subseteq \{x \in \mathbb{R}^n : Mf(x) > c\alpha\}$,

(2) $\bigcup_k \widetilde{Q}_k \supseteq \{x \in \mathbb{R}^n : Mf(x) > C\alpha\}$,

(3) 若 $\{Q_k\}$ 为二进方体族，则

$$\bigcup_k Q_k \supseteq \{x \in \mathbb{R}^n : M_d f(x) > C\alpha\}.$$

证明：(1) 设 $x \in Q_k$，则存在球 $B(x, r)$ 使得 $Q_k \subseteq B(x, r)$ 且

$$|B(x, r)|/|Q_k| \leqslant \frac{1}{c},$$

于是

$$Mf(x) \geqslant \frac{1}{|B(x,r)|}\int_{B(x,r)} f(y)dy$$

$$\geqslant \frac{|Q_k|}{|B(x,r)|}\frac{1}{|Q_k|}\int_{Q_k} f(y)dy \geqslant c\alpha,$$

(2) 设 $x \notin \bigcup_k \widetilde{Q}_k$，$r>0$，则

$$\int_{B(x,r)} f(y)dy = \int_{B(x,r)\cap(\cup Q_k)^c} f(y)dy + \sum_{Q_k\cap B\neq\phi}\int_{B\cap Q_k} f(y)dy$$

$$\leqslant \alpha|B(x,r)| + \sum_{Q_k\cap B\neq\phi}\int_{Q_k} f(y)dy$$

$$\leqslant \alpha|B(x,r)| + 2^n\alpha\sum_{Q_k\cap B\neq\phi}|Q_k|.$$

注意到下面的关键事实：若 $Q_k\cap B\neq\varnothing$，则 $Q_k\subseteq B(x,10r)$，这是因为 $x\notin\widetilde{Q}_k$. 所以 $\sum_{Q_k\cap B\neq\phi}|Q_k|\leqslant C|B(x,r)|$，从而

$$\int_{B(x,r)} f(y)dy \leqslant C\alpha|B(x,r)| \text{ 对一切 } r>0 \text{ 成立.}$$

此即推出 $M(f)(x)\leqslant C\alpha$.

(3) 的结论已经包含在我们关于二进极大函数定理的证明中了.

在上面 Calderón-Zygmund 分解的证明中，我们并没有具体地给出 $\{Q_k\}_{k=1}^\infty$ 的构造，下面我们将利用极大函数具体构造出 $\{Q_k\}_{k=1}^\infty$ 并证明推论 (5.2). 在一般情况下，推论 (5.2) 是最常用的形式之一.

令 $F=\{x\in\mathbf{R}^n: M(f)(x)\leqslant\alpha\}$，$\Omega=E_\alpha=F^c=\{x\in\mathbf{R}^n: M(f)(x)>\alpha\}$. 显然，由极大函数定理，$|\Omega|\leqslant\frac{A}{\alpha}\|f\|_1$. 因为 Ω 是开集，由 Whitney 分解，$\Omega=\bigcup_k Q_k$. 记 $p_k\in F$ 使得

$$\text{dist}(F,Q_k)=\text{dist}(p_k,Q_k).$$

令 B_k 是以 p_k 为中心包含 Q_k 内部的最小的球，$r_k=\frac{|B_k|}{|Q_k|}$. 因为

$p_k\in F$，所以 $\alpha \geqslant Mf(p_k) \geqslant \frac{1}{|B_k|}\int_{B_k} f(y)dy \geqslant \frac{1}{r_k|Q_k|}\int_{Q_k}$ $f(y)dy$，根据 Whitney 分解，$r_k=\frac{|B_k|}{|Q_k|}\leqslant c$.

§6. L^p 空间中算子内插

设 T 是由 $L^p(\mathbf{R}^n)$ 到 $L^q(\mathbf{R}^n)$ 上的一个算子，$1\leqslant p\leqslant\infty$，$1\leqslant q\leqslant\infty$，我们称算子 T 是强 (p, q) 型，如果存在与 f 无关的常数 A，使得

(6.1) $$\|Tf\|_q\leqslant A\|f\|_p,$$

对一切 $f\in L^p(\mathbf{R}^n)$ 成立.

类似地，我们称 T 是弱 (p, q) 型，如果对任意 $\alpha>0$，有

(6.2) $$|\{x\in\mathbf{R}^n: |Tf(x)|>\alpha\}|\leqslant\left(\frac{A\|f\|_p}{\alpha}\right)^q,\quad q<\infty,$$

其中 A 与 f, α 无关.

当 $q=\infty$ 时，我们仅考虑强 (p, ∞) 型.

显然，若算子 T 是强 (p, q) 型，则 T 一定是弱 (p, q) 型.

本节只介绍 Marcinkiewicz 内插定理的一个特殊情形：

定理 (6.3) 设 $1<r\leqslant\infty$，T 是由 $L^1(\mathbf{R}^n)+L^r(\mathbf{R}^n)$ 到可测函数空间的次可加算子，若 T 是弱 $(1, 1)$ 型和弱 (r, r) 型，则 T 是强 (p, p) 型，其中 $1<p<r$，即对 $f, g\in L^1(\mathbf{R}^n)+L^r(\mathbf{R}^n)$，$T$ 满足

(1) $|T(f+g)(x)|\leqslant|Tf(x)|+|Tg(x)|$,

(2) $|\{x\in\mathbf{R}^n: |Tf(x)|>\alpha\}|\leqslant\frac{A_1}{\alpha}\|f\|_1$,

(3) $|\{x\in\mathbf{R}^n: |Tf(x)|>\alpha\}|\leqslant\left(\frac{A_r\|f\|_r}{\alpha}\right)^r$,

则

$$\|Tf\|_p\leqslant A_p\|f\|_p,$$

对所有 $f\in L^p(\mathbf{R}^n)$，$1<p<r$ 成立，其中 A_p 是仅与 A_1, A_r, r 和

维数 n 有关的常数.

证明: 设 $f\in L^p(\mathbf{R}^n)$, 我们要估计分布函数

$$\lambda(\alpha)=|\{x\in\mathbf{R}^n:\ |Tf(x)|>\alpha\}|.$$

为此,令

$$f_1(x)=\begin{cases}f(x), & \text{如果 } |f(x)|>\alpha,\\ 0, & \text{如果 } |f(x)|\leqslant\alpha,\end{cases}$$

$$f_2(x)=\begin{cases}f(x), & \text{如果 } |f(x)|\leqslant\alpha,\\ 0, & \text{如果 } |f(x)|>\alpha.\end{cases}$$

显然, $f=f_1+f_2$, 同时 $f_1\in L^1(\mathbf{R}^n)$, $f_2\in L^r(\mathbf{R}^n)$. 因为 $|Tf(x)|\leqslant|Tf_1(x)|+|Tf_2(x)|$, 所以

$$\{x\in\mathbf{R}^n:|Tf(x)|>\alpha\}\subseteq\left\{x\in\mathbf{R}^n:\ |Tf_1(x)|>\frac{\alpha}{2}\right\}$$

$$\cup\left\{x\in\mathbf{R}^n:|Tf_2(x)|>\frac{\alpha}{2}\right\}.$$

因此

$$\begin{aligned}\lambda(\alpha)\leqslant&\left|\left\{x\in\mathbf{R}^n:\ |Tf_1(x)|>\frac{\alpha}{2}\right\}\right|\\&+\left|\left\{x\in\mathbf{R}^n:\ |Tf_2(x)|>\frac{\alpha}{2}\right\}\right|\leqslant\frac{2A_1}{\alpha}\int_{\mathbf{R}^n}|f_1(x)|dx\\&+\left(\frac{2A_r}{\alpha}\right)^r\int_{\mathbf{R}^n}|f_2(x)|^rdx=\frac{2A_1}{\alpha}\int_{\{x:|f|>\alpha\}}|f(x)|dx\\&+\left(\frac{2A_r}{\alpha}\right)^r\int_{\{x:|f|\leqslant\alpha\}}|f(x)|^rdx.\end{aligned}$$

这样我们就得到

$$\begin{aligned}\|Tf\|_p^p&=p\int_0^\infty\alpha^{p-1}\lambda(\alpha)d\alpha\\&\leqslant 2A_1p\int_0^\infty\alpha^{p-2}\left(\int_{\{x:|f|>\alpha\}}|f(x)|\,dx\right)d\alpha\\&\quad+(2A_r)^rp\int_0^\infty\alpha^{p-1-r}\left(\int_{\{x:|f|\leqslant\alpha\}}|f(x)|^rdx\right)d\alpha\\&=\frac{2A_1p}{p-1}\int_{\mathbf{R}^n}|f(x)|^pdx+\frac{(2A_r)^rp}{r-p}\int_{\mathbf{R}^n}|f(x)|^pdx\\&\leqslant A_p^p\|f\|_p^p.\end{aligned}$$

定理获证。

关于一般的 Marcinkiewicz 内插定理可看[2]。

§7. Hardy-Littlewood 极大函数和调和函数的非切向收敛

设 $\varphi(t)=c_n(|t|^2+1)^{-(n+1)/2}$, $\varphi_y(t)=y^{-n}\varphi\left(\frac{t}{y}\right)$, 其中 $y>0$. 则 $u(x,y)=f*\varphi_y(x)$, $y>0$, 是 f 的 Poisson 积分，这里 $f\in L^p(\mathrm{R}^n)$, $1\leqslant p\leqslant\infty$, 显然, $u(x,y)$ 是一个调和函数.

定理 (7.1) 如果 $u(x,y)(y>0)$ 是 $f\in L^p(\mathrm{R}^n)(1\leqslant p\leqslant\infty)$ 的 Poisson 积分,则

$$|u(x,y)|\leqslant M(f)(x).$$

证明:实际上,我们可以证明更一般的结果:设 $\varphi=\sum_{k=1}^{m}c_k\chi_k$, $c_k>0$, χ_k 是球 $B_k=\{x\in\mathrm{R}^n;\ |x|\leqslant r_k\}$ 上的特征函数，则对 $f\geqslant 0$,有

$$\begin{aligned}|f*\varphi_\varepsilon(x)|&=\sum_{k=1}^{m}c_k\varepsilon^{-n}\int_{|t|\leqslant\varepsilon r_k}f(x-t)dt\\&=\sum_{k=1}^{m}c_kr_k^n\Omega_n\frac{1}{\Omega_n(\varepsilon r_k)^n}\int_{|t|\leqslant\varepsilon r_k}f(x-t)dt\\&\leqslant M(f)(x)\sum_{k=1}^{m}c_k|B_k|=Mf(x)\|\varphi\|_1.\end{aligned}$$

这个结果很容易推广到任意 $\varphi\in L^1(\mathrm{R}^n)$, 其中 $\varphi(t)=\phi(|t|)$, ϕ 是非负单调下降函数.特别地取 $\varphi(t)=c_n(|t|^2+1)^{-(n+1)/2}$ 就可以得到定理(7.1).

下面我们证明在某种意义下定理(7.1)的逆定理:

定理 (7.2) 如果 $f\geqslant 0$, 它的 Poisson 积分 $u(x,y)(y>0)$ 存在,则存在仅依赖于维数 n 的常数 A, 使得

$$M(f)(x)\leqslant A\sup_{y>0}u(x,y).$$

证明：固定 $r>0$，则

$$\sup_{y>0} u(x,y) \geqslant u(x,r) = c_n \int_{\mathbf{R}^n} f(x-t) \frac{r}{(|t|^2+r^2)^{(n+1)/2}} dt$$

$$\geqslant A c_n \int_{|t|\leqslant r} f(x-t) r^{-n} dt$$

$$= A c_n \Omega_n \cdot \frac{1}{\Omega_n r^n} \int_{|t|\leqslant r} f(x-t) dt$$

从而推知 $$\sup_{y>0} u(x,y) \geqslant A_n M(f)(x).$$

定理 (7.1) 说明 Hardy-Littlewood 极大函数可以控制对应的 Poisson 积分，由此我们可以得到关于 Poisson 积分逐点收敛的结果。

我们证明下面的一般性结果。

定理 (7.3) 设 $\{T_\varepsilon\}$，$\varepsilon>0$，是由 $L^p(\mathbf{R}^n)$ 到可测函数空间上的线性算子族。定义

$$T^*(h)(x) = \sup_{\varepsilon>0} |T_\varepsilon h(x)|, \quad x \in \mathbf{R}^n.$$

若存在常数 A 和 $q \geqslant 1$，使得

$$|\{x \in \mathbf{R}^n : T^* h(x) > \alpha\}| \leqslant \left(\frac{A\|h\|_p}{\alpha}\right)^q$$

对所有 $\alpha>0$ 和 $h \in L^p(\mathbf{R}^n)$ 成立。又若对 $L^p(\mathbf{R}^n)$ 的某一个稠子集合 $\mathscr{D}$，$\lim\limits_{\varepsilon\to 0} T_\varepsilon g(x)$ 存在，其中 $g \in \mathscr{D}$，则对任意 $f \in L^p(\mathbf{R}^n)$，$\lim\limits_{\varepsilon\to 0} T_\varepsilon(f)(x)$ 存在。

证明：设 $f \in L^p(\mathbf{R}^n)$，$F_k = \{x \in \mathbf{R}^n : |T_{\varepsilon'} f(x) - T_{\varepsilon''} f(x)| > 2k^{-1}$，对无限多个 $(\varepsilon', \varepsilon'') \to (0,0)$，成立$\}$。对任意 $\eta>0$，存在 $g, h \in L^p(\mathbf{R}^n)$，使得 $f = g + h$，其中 $g \in \mathscr{D}$，而 $\|h\|_p < \eta$。我们断言

$$|F_k| \leqslant (2A(k+1)\eta)^q.$$

因为 η 是任意的，这意味着 $|F_k| = 0$，于是 $F = \bigcup\limits_k F_k$ 是零测度集合。而对任意 $x \in \mathbf{R}^n / F$，$\lim\limits_{\varepsilon\to 0} T_\varepsilon f(x)$ 存在，这样就证明了定理(7.3)。

为了证明我们的断言，令 G 是所有 $x\in\mathbf{R}^n$ 同时使得 $\lim\limits_{\varepsilon\to 0}T_\varepsilon(g)\cdot(x)$ 存在且有限的点，因为 $\mathbf{R}^n/G$ 是零测度集，所以只要证明 $|F_k\cap G|\leqslant(2A(k+1)\eta)^q$，而 $T_{\varepsilon'}(f)(x)-T_{\varepsilon''}(f)(x)=\{T_{\varepsilon'}h(x)-T_{\varepsilon''}h(x)\}+\{T_{\varepsilon'}g(x)-T_{\varepsilon''}g(x)\}$，$\lim\limits_{\substack{\varepsilon'\to 0\\ \varepsilon''\to 0}}\{T_{\varepsilon'}g(x)-T_{\varepsilon''}g(x)\}=0$，所以

$$F_k\cap G\subseteq\{x\in\mathbf{R}^n:|T_{\varepsilon'}h(x)-T_{\varepsilon''}h(x)|\geqslant k^{-1}$$

对无限多对 $(\varepsilon',\varepsilon'')\to(0,0)$ 成立}.

又因为后一个集合包含在集合 $\{x\in\mathbf{R}^n:\ T^*h(x)\geqslant(2k)^{-1}\}$ 中，由定理条件可以得到我们的断言中的不等式.

推论 (7.4) 如果 $f\in L^p(\mathbf{R}^n)(1\leqslant p\leqslant\infty)$，而 $u(x,y)\ (y>0)$ 是 f 的 Poisson 积分，则 $u(x,y)$ 有非切向极限 $f(x)$，即对几乎处处的 $x_0\in\mathbf{R}^n$，有

$$\lim_{\substack{(x,y)\to(x_0,0)\\ (x,y)\in\Gamma_\alpha(x_0)}} u(x,y)=f(x_0),$$

其中 $\Gamma_\alpha(x_0)=\{(x,y)\in\mathbf{R}_+^{n+1}:|x-x_0|<\alpha y,\alpha>0$ 是任意固定常数}.

证明：首先容易看到，如果 $f\in L^p(\mathbf{R}^n)\cap C(\mathbf{R}^n)$，则结论成立. 其次我们将证明 $u(x,y)$ 的非切向极大函数

$$u^*(x_0)=\sup_{(x,y)\in\Gamma_\alpha(x_0)}|u(x,y)|$$

被 f 的 Hardy-Littlewood 极大函数所控制，且存在与 f 无关的固定常数 A，使得

$$u^*(x_0)\leqslant AM(f)(x_0).$$

由此推知 $u^*(x)$ 满足弱型不等式. 再由定理 (7.3) 可直接得到推论 (7.4).

现证明 $u^*(x_0)\leqslant AMf(x_0)$.

$$|u(x,y)|=\left|c_n\int_{\mathbf{R}^n}\frac{y}{(|x-z|^2+y^2)^{(n+1)/2}}f(z)dz\right|$$

$$\leqslant c_n\int_{|z-x_0|\leqslant 2\alpha y}\frac{1}{y^n}|f(z)|dz+c_n$$

$$\times \int_{|z-x_0|>2\alpha y} \frac{y|f(z)|dz}{(|x-z|^2+y^2)^{(n+1)/2}} = \mathrm{I} + \mathrm{II}.$$

显然，$\mathrm{I} \leqslant AM(f)(x_0)$. 而

$$\begin{aligned}
\mathrm{II} &= c_n \sum_{k=1}^{\infty} \int_{2^k\alpha y<|z-x_0|\leqslant 2^{k+1}\alpha y} \frac{y|f(z)|dz}{(|x-z|^2+y^2)^{(n+1)/2}} \\
&\leqslant c_n \sum_{k=1}^{\infty} (2^{k-1}\alpha y)^{-n-1} \int_{|z-x_0|\leqslant 2^{k+1}\alpha y} y|f(z)|dz \\
&\leqslant cc_n \sum_{k=1}^{\infty} (2^{k+1}\alpha y)^n (2^{k-1}\alpha y)^{-n-1} yMf(x_0) \\
&= c\alpha^{-1}M(f)(x_0) \sum_{k=1}^{\infty} 2^{-k} \leqslant AM(f)(x_0).
\end{aligned}$$

其中 A 仅与 α 和维数 n 有关。

第二章　A_p-权函数，Hardy-Littlewood 极大函数的加权不等式

§1. A_p-权　函　数

在第一章我们证明了极大函数定理．一个自然的问题是这个定理能否推广到一般的测度空间（$\mathbb{R}^n$，$\omega(x)dx$）中去?换言之，对什么样的 $\omega(x)>0$，$\omega(x)\in L^1_{loc}(\mathbb{R}^n)$，我们有如下弱型不等式：

$$(1.1)\qquad \omega(\{x\in\mathbb{R}^n:\ M(f)(x)>\lambda\})\leqslant\frac{A}{\lambda}\int_{\mathbb{R}^n}|f(x)|\omega(x)dx,$$

其中 A 是固定常数，$\omega(E)=\int_E\omega(x)dx$（这时称 $f\to M(f)$ 是 $L^1(\omega dx)$ 到 $L^1_w(\omega dx)$ 的有界算子），以及如下强型不等式：

$$(1.2)\qquad \|Mf\|_{L^p(\omega dx)}\leqslant A_p\|f\|_{L^p(\omega dx)},\quad 1<p<\infty,$$

其中 A_p 是仅与维数 n 和 p 有关的常数．

我们首先找出满足 (1.1) 的 ω 所应满足的必要条件．设 (1.1) 成立，$x\in Q_1\subseteq Q_2$，$f=\chi_{Q_1}$ 为 Q_1 的特征函数，如果 $z\in Q_2$，则

$$M(f)(z)=\sup_{z\in Q}\frac{1}{|Q|}\int_Q f(y)dy\geqslant\frac{1}{|Q_2|}\int_{Q_2}f(y)dy=\frac{|Q_1|}{|Q_2|}.$$

因此，

$$\begin{aligned}\int_{Q_2}\omega(x)dx&\leqslant\int_{\left\{x:\ Mf(x)\geqslant\frac{|Q_1|}{|Q_2|}\right\}}\omega(x)dx\\&=\omega\left(\left\{x\in\mathbb{R}^n:\ Mf(x)\geqslant\frac{|Q_1|}{|Q_2|}\right\}\right)\\&\leqslant A\cdot\frac{|Q_2|}{|Q_1|}\int_{Q_1}\omega(x)dx.\end{aligned}$$

从而可得 $M(\omega)(x)\leqslant A\omega(x)$，对几乎处处 $x\in\mathbb{R}^n$ 成立．

我们引入下面的定义：

定义 (1.3) 设 $\omega(x)>0$, $\omega\in L^1_{loc}(\mathbb{R}^n)$, ω 称作是一个权函数。如果存在一个固定常数 c，使得

$$M\omega(x)\leqslant c\omega(x),$$

对几乎处处 $x\in\mathbb{R}^n$ 成立，则我们称 ω 是一个 A_1-权函数，记作 $\omega\in A_1$，或简称 ω 满足 A_1 条件。

下面的定理说明 A_1 条件对于 (1.1) 而言亦是充分的。

定理 (1.4) 如果 $\omega\in A_1$，则 $f\to M(f)$ 是由 $L^1(\omega dx)$ 到 $L^1_w(\omega dx)$ 上的有界算子，即 (1.1) 成立。

为证明定理(1.4)，我们需要下面的引理：

引理 (1.5) 设 $\omega\in A_1$，则 ωdx 满足双倍条件，即对任意 $Q\subset\mathbb{R}^n$，存在固定常数 A 使得 $\omega(2Q)\leqslant A\omega(Q)$，其中 $2Q$ 表示和 Q 同心，边长为 Q 两倍的方体。

证明：因为 $\omega\in A_1$，所以

$$\begin{aligned}\omega(2Q)&\leqslant A|2Q|\inf_{x\in 2Q}\omega(x)\leqslant A|Q|\inf_{x\in Q}\omega(x)\\&\leqslant A\int_Q\omega(x)dx=A\omega(Q).\end{aligned}$$

这里我们用到了如下事实：对任意 $Q\subset\mathbb{R}^n$, $\omega\in A_1$,

$$\frac{1}{|Q|}\int_Q\omega(x)dx\leqslant c\operatorname*{ess\,inf}_{x\in Q}\omega(x).$$

引理 (1.6) 如果 $\omega\in A_1$，则存在常数 c，使得 $M(f)(x)\leqslant cM_\omega(f)(x)$，其中

$$M_\omega(f)(x)=\sup_{x\in Q}\frac{1}{\omega(Q)}\int_Q|f(y)|\omega(y)dy,$$

证明：显然

$$\begin{aligned}\frac{1}{|Q|}\int_Q|f(y)|dy&\leqslant\sup_{x\in Q}\frac{1}{\inf\limits_{y\in Q}\omega(y)|Q|}\int_Q|f(y)|\omega(y)dy\\&\leqslant c\sup_{x\in Q}\frac{1}{\omega(Q)}\int_Q|f(y)|\omega(y)dy=cM_\omega(f)(x).\end{aligned}$$

对不等式左边取 sup，即得引理的结论。

定理 (1.4) 的证明：由引理(1.5)知 ω 满足双倍条件，用第一

章的方法可以证明：

$$\omega(\{x\in \mathbf{R}^n: M_\omega(f)(x)>\lambda\})\leqslant \frac{A}{\lambda}\|f\|_{L^1(\omega dx)}.$$

再由引理 (1.6) 推得

$$\begin{aligned}\omega(\{x\in \mathbf{R}^n:\ M(f)(x)>\lambda\}) &\leqslant \omega(\{x\in \mathbf{R}^n:\ M_\omega(f)(x)>c\lambda\})\\ &\leqslant \frac{A}{\lambda}\|f\|_{L^1(\omega dx)}.\end{aligned}$$

现在我们找出满足 (1.2) 式的 ω 的必要条件.对任意 $Q\subset\mathbf{R}^n$:

$$M(f\chi_Q)(x)\geqslant \chi_Q(x)\frac{1}{|Q|}\int_Q|f(y)|dy\equiv m_Q(|f|)\chi_Q(x).$$

因此，

$$\begin{aligned}\int_Q(m_Q(|f|)^p\omega(y)dy) &= \omega(Q)\left\{\frac{1}{|Q|}\int_Q|f(y)|dy\right\}^p\\ &\leqslant A\int_{\mathbf{R}^n}M^p(f\chi_Q)(y)\omega(y)dy\leqslant A\int_Q|f(y)|^p\omega(y)dy\\ &\leqslant A\int_Q|f(y)|^p(\omega+\varepsilon)dy,\end{aligned}$$

其中 $\varepsilon>0$. 现取 $f(x)=(\omega(x)+\varepsilon)^{-\frac{1}{p-1}}\in L^1_{loc}(\mathbf{R}^n)$，从而我们有

$$\begin{aligned}&\omega(Q)\left\{\frac{1}{|Q|}\int_Q(\omega+\varepsilon)^{-\frac{1}{p-1}}dy\right\}^p\\ &\leqslant A\int_Q(\omega+\varepsilon)^{-\frac{p}{p-1}+1}dy=A\int_Q(\omega+\varepsilon)^{-\frac{1}{p-1}}dy.\end{aligned}$$

于是我们得到

$$\frac{\omega(Q)}{|Q|}\left\{\frac{1}{|Q|}\int_Q(\omega+\varepsilon)^{-\frac{1}{p-1}}dy\right\}^{p-1}\leqslant A.$$

令 $\varepsilon\to0$，由 Fatou 引理得

$$\left(\frac{1}{|Q|}\int_Q\omega(y)dy\right)\left(\frac{1}{|Q|}\int_Q\omega^{-\frac{1}{p-1}}(y)dy\right)^{p-1}\leqslant A. \tag{1.7}$$

我们引入下面的定义：

定义 (1.8) 设 $\omega(x)>0$, $\omega\in L^1_{\rm loc}(\mathbf{R}^n)$是一个权函数，如果对 $1<p<\infty$ 存在一个固定常数 c，使得

$$\sup_Q\left(\frac{1}{|Q|}\int_Q \omega dy\right)\left(\frac{1}{|Q|}\int_Q \omega^{-\frac{1}{p-1}}dy\right)^{p-1}\leqslant A<\infty,$$

则称 ω 是一个 A_p-权函数，或称作 ω 满足 A_p 条件(记作 $\omega\in A_p$)。

我们将在 §3 中证明 $\omega\in A_p$ 亦是(1.2)式成立的充分条件。

现在我们列举 A_p-权函数的一些初等性质:

(1) 如果 $p_1<p_2$，则 $A_{p_1}\subsetneqq A_{p_2}$。

其包含关系可由 Hölder 不等式直接推出，要看到 $A_{p_1}\neq A_{p_2}$，只要注意到 $|x|^\alpha\in A_p$ 的充分必要条件是$-n<\alpha<n(p-1)$。

(2) $\omega\in A_p$，则 $\omega\in A_{p+\varepsilon}$，其中 $\varepsilon>0$；$\omega^\alpha\in A_p, 0<\alpha<1$，特别地，$A_1\subset A_p$ 对所有 $p>1$ 成立。

这也是 Hölder 不等式的直接结果。

(3) 如果 $\frac{1}{p}+\frac{1}{p'}=1$，$\omega\in A_p$ 的充分必要条件是 $\omega^{-\frac{1}{p-1}}\in A_{p'}$。

这直接由定义得到。

(4) 如果 $\omega_1,\omega_2\in A_p$，$p\geqslant 1$，则 $\omega_1^\alpha\omega_2^{1-\alpha}\in A_p$，$0\leqslant\alpha\leqslant 1$。

这由 Hölder 不等式得到。

(5) 如果 $\omega_1,\omega_2\in A_1$，则 $\omega=\omega_1\omega_2^{1-p}\in A_p$，$p>1$。

因为 $\frac{1}{|Q|}\int_Q\omega_1(y)dy\leqslant c\inf\limits_{x\in Q}\omega_1(x)$，所以

$$\left(\frac{1}{|Q|}\int_Q\omega_1(y)dy\right)\left(\inf_{y\in Q}\omega_1(y)\right)^{-1}\leqslant c_1,$$

$$\left(\frac{1}{|Q|}\int_Q\omega_2(y)dy\right)\left(\inf_{y\in Q}\omega_2(y)\right)^{-1}\leqslant c_2.$$

而

$$\begin{aligned}\frac{1}{|Q|}\int_Q\omega(x)dx&=\frac{1}{|Q|}\int_Q\omega_1(x)\omega_2^{1-p}(x)dx\\&\leqslant\left(\frac{1}{|Q|}\int_Q\omega_1(x)dx\right)\left(\inf_{x\in Q}\omega_2\right)^{1-p}\end{aligned}$$

以及

$$\left(\frac{1}{|Q|}\int_Q \omega^{-\frac{1}{p-1}}(x)dx\right)^{p-1} = \left(\frac{1}{|Q|}\int_Q \omega_1^{-\frac{1}{p-1}}\omega_2 dx\right)^{p-1}$$

$$\leqslant \left(\frac{1}{|Q|}\int_Q \omega_2 dx\right)^{p-1}\left(\inf_{x\in Q}\omega_1(x)\right)^{-1}.$$

于是

$$\left(\frac{1}{|Q|}\int_Q \omega(x)dx\right)\left(\frac{1}{|Q|}\int_Q \omega^{-\frac{1}{p-1}}(x)dx\right)^{p-1} \leqslant c_1 c_2^{p-1} < \infty.$$

(6) 如果 $\omega\in A_p$，则测度 $\omega(x)dx$ 满足双倍条件. 实际上，我们还可以证明更加一般的命题：如果 $f\in L^p(\omega dx)$，则 $f\in L^1_{\text{loc}}\cdot(\mathbf{R}^n, dx)$ 且

$$\frac{1}{|Q|}\int_Q |f(y)|dy \leqslant \frac{c^{1/p}\left\{\frac{1}{|Q|}\int_Q |f|^p\omega(y)dy\right\}^{1/p}}{\left\{\frac{1}{|Q|}\int_Q \omega(y)dy\right\}^{1/p}}, 1<p<\infty.$$

这是因为

$$\frac{1}{|Q|}\int_Q |f(y)|dy = \frac{1}{|Q|}\int_Q |f(y)|\omega^{\frac{1}{p}}(y)\omega^{-\frac{1}{p}}(y)dy$$

$$\leqslant \left(\frac{1}{|Q|}\int_Q |f(y)|^p\omega(y)dy\right)^{1/p}\left(\frac{1}{|Q|}\int_Q \omega^{-\frac{1}{p-1}}(y)dy\right)^{\frac{p-1}{p}}$$

$$\leqslant c^{1/p}\left\{\frac{1}{|Q|}\int_Q |f(y)|^p\omega(y)dy\right\}^{1/p}\left\{\frac{1}{|Q|}\int_Q \omega(y)dy\right\}^{-\frac{1}{p}}.$$

为得到(6)只需要令 $f=\chi_{\frac{1}{2}Q}$.

进一步，如果 $\omega\in A_p$，则 $\omega+\varepsilon\in A_p$ 对 $\varepsilon>0$ 成立，因为

$$\left(\frac{1}{|Q|}\int_Q |f(y)|dy\right)^p\left(\frac{1}{|Q|}\int_Q (\omega+\varepsilon)dy\right)$$

$$\leqslant c\left(\frac{1}{|Q|}\int_Q |f(y)|^p\omega(y)dy\right)+\varepsilon\left(\frac{1}{|Q|}\int_Q |f(y)|dy\right)^p$$

$$\leqslant c\left(\frac{1}{|Q|}\int_Q |f(y)|^p\omega(y)dy\right)+\varepsilon\left(\frac{1}{|Q|}\int_Q |f(y)|^p dy\right)$$

$$\leqslant c\frac{1}{|Q|}\int_Q |f(y)|^p(\omega+\varepsilon)dy.$$

再令 $f=(\omega+\varepsilon)^{-\frac{1}{p-1}}$,即得 $\omega+\varepsilon\in A_p$.

§2. 反向 Hölder 不等式

我们称权函数 ω 满足反向 Hölder 不等式，如果存在 $q>1$ 和固定常数 c，使得

$$(2.1)\qquad \left(\frac{1}{|Q|}\int_Q \omega^q dx\right)^{1/q}\leqslant c\left(\frac{1}{|Q|}\int_Q \omega dx\right)$$

对所有方体 $Q\subset\mathbf{R}^n$ 成立.

下面的定理是 A_p-权函数理论中最基本的结果之一.

定理(2.2) 若 $\omega\in A_p$, $p\geqslant 1$，则 ω 满足反向 Hölder 不等式,即存在常数 $c>0$, $\delta>0$，使得对任意 $Q\subset\mathbf{R}^n$,

$$\frac{1}{|Q|}\int_Q \omega^{1+\delta}dx\leqslant c\left(\frac{1}{|Q|}\int_Q \omega dx\right)^{1+\delta}.$$

我们先给出定理 (2.2) 的一些推论.

推论 (2.3) 设 $\omega\in A_p, p>1$，则存在 $\varepsilon>0$,使得 $\omega\in A_{p-\varepsilon}$, $p-\varepsilon>1$.

我们对 $\omega^{-\frac{1}{p-1}}$ 应用定理 (2.2) 得到

$$\left(\frac{1}{|Q|}\int_Q \omega^{-\frac{1+\delta}{p-1}}dx\right)^{p-1/1+\delta}\leqslant c^{p-1}\left(\frac{1}{|Q|}\int_Q \omega^{-\frac{1}{p-1}}dx\right)^{p-1}.$$

两边乘以 $\left(\frac{1}{|Q|}\int_Q \omega dx\right)$,得到

$$\left(\frac{1}{|Q|}\int_Q \omega dx\right)\left(\frac{1}{|Q|}\int_Q \omega^{-\frac{1+\delta}{p-1}}dx\right)^{p-1/1+\delta}\leqslant c^{p-1},$$

即

$$\left(\frac{1}{|Q|}\int_Q \omega dx\right)\left(\frac{1}{|Q|}\int_Q \omega^{-\frac{1}{\left(1+\frac{p-1}{1+\delta}\right)-1}}dx\right)^{\left(1+\frac{p-1}{1+\delta}\right)-1}\leqslant c^{p-1}.$$

这说明 $\omega\in A_{1+\frac{p-1}{1+\delta}}$. 因为 $\delta>0$, 所以 $1+\frac{p-1}{1+\delta}<p$. 于是只需要令 $\varepsilon=p-\left(1+\frac{p-1}{1+\delta}\right)$,即得 $\omega\in A_{p-\varepsilon}$.

推论 (2.4) 如果 $\omega\in A_p$, $p>1$, 则存在 $\alpha>1$, 使得 $\omega^\alpha\in A_p$.

由 $\omega\in A_p$ 和 $\omega^{-\frac{1}{p-1}}\in A_{p'}$ 以及定理 (2.2) 可知存在 $\delta'>0$, 使得

$$\frac{1}{|Q|}\int_Q \omega^{1+\delta'}dx\leqslant c\left(\frac{1}{|Q|}\int_Q\omega\right)^{1+\delta'}$$

以及

$$\frac{1}{|Q|}\int_Q(\omega^{-\frac{1}{p-1}})^{1+\delta'}dx\leqslant c\left(\frac{1}{|Q|}\int_Q\omega^{-\frac{1}{p-1}}\right)^{1+\delta'}.$$

由此推得

$$\left(\frac{1}{|Q|}\int_Q\omega^{1+\delta'}dx\right)\left(\frac{1}{|Q|}\int_Q(\omega^{1+\delta'})^{-\frac{1}{p-1}}dx\right)^{p-1}$$
$$\leqslant c\left\{\left(\frac{1}{|Q|}\int_Q\omega dx\right)\left(\frac{1}{|Q|}\int_Q\omega^{-\frac{1}{p-1}}dx\right)^{p-1}\right\}^{1+\delta'}\leqslant c$$

这说明 $\omega^{1+\delta'}\in A_p$, 于是取 $\alpha=1+\delta'$, 即得推论.

为了证明定理 (2.2), 我们需要下面的引理:

引理 (2.5) 设 $\omega\in A_p$, 则对任意 $\alpha(0<\alpha<1)$ 存在 $c_0<1$ 使得只要 $|A|/|Q|<\alpha$, 就有 $\omega(A)/\omega(Q)<c_0$, 对一切 $A\subseteq Q$ 成立.

证明:因为 $|A|<\alpha|Q|$, 所以 $M(\chi_{Q\setminus A})(x)>1-\alpha$ 对所有 $x\in Q$ 成立. 再由 A_p-权函数的性质 (6), 有

$$M(\chi_{Q\setminus A})(x)\leqslant c^{1/p}M_\omega(\chi^p_{Q\setminus A})^{1/p}(x).$$

因此,

$$\omega(Q)\leqslant\omega(\{x\in\mathbf{R}^n:\ M(\chi_{Q\setminus A})(x)>1-\alpha\})$$
$$\leqslant\omega(\{x\in\mathbf{R}^n:\ M_\omega(\chi_{Q\setminus A})(x)>c(1-\alpha)^p\}),$$

再由 ω 满足双倍条件以及极大函数 M_ω 的弱 (1.1) 型,

$$\omega(Q)\leqslant\frac{1}{c(1-\alpha)^p}\int_{\mathbf{R}^n}\chi_{Q\setminus A}(x)\omega(x)dx=\frac{\omega(Q\setminus A)}{c(1-\alpha)^p}.$$

从而 $\omega(A)\leqslant c_0\omega(Q)$，其中 $c_0<1$.

定理 (2.2) 的证明：固定 Q，对 Q 进行类似的 Calderón-Zygmund 分解。固定 $k\in Z^+$，我们将 Q 等分成 2^n 个小方体，记 Q' 是其中的一个，如果

$$\frac{1}{|Q'|}\int_{Q'}\omega(y)dy>2^{(n+1)k}\frac{1}{|Q|}\int_Q\omega(y)dy,$$

我们就保留 Q'，否则对 Q' 再等分并重复上面的程序。这样我们得到 $\{Q_i^k\}$，满足

(1) $$2^{(n+1)k}\frac{1}{|Q|}\int_Q\omega(y)dy<\frac{1}{|Q_i^k|}\int_{Q_i^k}\omega(y)dy$$

$$=\frac{1}{2^{-n}|\widetilde{Q}_i^k|}\int_{\widetilde{Q}_i^k}\omega(y)dy\leqslant 2^n\cdot 2^{(n+1)k}\frac{1}{|Q|}\int_Q\omega(y)dy$$

$$\leqslant 2^{(n+1)(k+1)}\frac{1}{|Q|}\int_Q\omega(y)dy.$$

(2) 对几乎处处 $x\in D_k^c=Q\Big\backslash\bigcup_i Q_i^k$，

$$\omega(x)\leqslant 2^{(n+1)k}\frac{1}{|Q|}\int_Q\omega(y)dy.$$

其次，$D_{k+1}\subseteq D_k$，因为：如果 $Q_j^{k+1}\subset D_{k+1}\backslash D_k\subset D_k^c$，则对 $x\in Q_j^{k+1}$，有

$$\omega(x)\leqslant 2^{(n+1)k}\frac{1}{|Q|}\int_Q\omega(y)dy.$$

这就推出

$$\frac{1}{|Q_j^{k+1}|}\int_{Q_j^{k+1}}\omega(y)dy\leqslant 2^{(n+1)k}\frac{1}{|Q|}\int_Q\omega(y)dy.$$

显然这与 Q_j^{k+1} 应满足的上述(1)式矛盾。

这也说明对每个 Q_j^{k+1}，一定存在某个 Q_i^k，使得 $Q_j^{k+1}\subseteq Q_i^k$. 这是由于我们每次都是 2^n 等分方体所决定的。令 $D'=Q_i^k\cap D_{k+1}$，则

$$2^{(n+1)(k+1)}\frac{1}{|Q|}\int_Q\omega(y)dy\leqslant\frac{1}{|D'|}\int_{D'}\omega(y)dy$$

$$\leqslant \frac{|Q_i^k|}{|D'|} \cdot \frac{1}{|Q_i^k|} \int_{Q_i^k} \omega(y)dy$$

$$\leqslant \frac{|Q_i^k|}{|D'|} \cdot 2^{(n+1)k} \cdot 2^n \cdot \frac{1}{|Q|} \int_Q \omega(y)dy.$$

由此推出 $|D'| \leqslant \frac{1}{2}|Q_i^k|$，对 i 求并，得到 $|D_{k+1}| \leqslant \frac{1}{2}|D_k|$。再由引理 (2.5)，存在 $c < 1$ 使得

$$\omega(D_{k+1}) \leqslant c\omega(D_k) \leqslant \cdots \leqslant c^{k+1}\omega(D_0).$$

于是我们可以有如下估计

$$\int_Q \omega^{1+\delta}(y)dy \leqslant \int_{Q\setminus D_0} \omega^{(1+\delta)}(y)dy$$

$$+ \sum_{k=0}^{\infty} \left\{ \left(\int_{D_k \setminus D_{k+1}} \omega dx \right) 2^{(n+1)(k+1)\delta} \right.$$

$$\left. \cdot \left(\frac{1}{|Q|} \int_Q \omega(y)dy \right)^\delta \right\} \leqslant \left(\frac{1}{|Q|} \int_Q \omega(y)dy \right)^{(1+\delta)} |Q\setminus D_0|$$

$$+ \sum_{k=0}^{\infty} (2^{(n+1)(k+1)\delta} c^k) \left(\frac{1}{|Q|} \int_Q \omega(y)dy \right)^\delta \omega(D_0)$$

$$\leqslant c \left(\frac{1}{|Q|} \int_Q \omega(y)dy \right)^{(1+\delta)} \left(|Q\setminus D_0| \right.$$

$$\left. + |D_0| \sum_{k=0}^{\infty} 2^{(n+1)(k+1)\delta} c^k \right)$$

因为 $c < 1$，只需取 δ 充分小就有

$$\int_Q \omega^{1+\delta}(y)dy \leqslant c \left(\frac{1}{|Q|} \int_Q \omega(y)dy \right)^{1+\delta} |Q|.$$

这就证明了定理 (2.2)。

我们再给出定理 (2.2) 的另一个证明，这次分三步证明。

第一步：存在与 Q 无关的 $\alpha, \beta > 0$，使得

$$|\{x \in Q: \omega(x) > \beta m_Q(\omega)\}| > \alpha |Q|,$$

其中
$$m_Q(\omega) = \frac{1}{|Q|} \int_Q \omega(y)dy.$$

令 $E' = \{x \in Q, \omega(x) \leqslant \beta m_Q(\omega)\}$，则

$$\left(\frac{|E'|}{|Q|}\right)^{p-1}=\left\{\frac{1}{|Q|}\cdot(\beta m_Q(\omega))^{\frac{1}{p-1}}\int_{E'}(\beta m_Q(\omega))^{-\frac{1}{p-1}}dx\right\}^{p-1}$$
$$=\beta m_Q(\omega)\left(\frac{1}{|Q|}\int_{E'}(\beta m_Q(\omega))^{-\frac{1}{p-1}}dx\right)^{p-1}.$$

注意到当 $x\in E'$ 时 $\omega^{-\frac{1}{p-1}}(x)\geqslant(\beta m_Q(\omega))^{-\frac{1}{p-1}}$，所以

$$\left(\frac{|E'|}{|Q|}\right)^{p-1}\leqslant\beta m_Q(\omega)\left(\frac{1}{|Q|}\int_{E'}(\omega(x))^{-\frac{1}{p-1}}dx\right)^{p-1}$$
$$\leqslant\beta m_Q(\omega)\left(\frac{1}{|Q|}\int_Q(\omega(x))^{-\frac{1}{p-1}}dx\right)^{p-1}\leqslant\beta c,$$

因此 $|E'|\leqslant(\beta c)^{\frac{1}{p-1}}|Q|$. 取 β 充分小，使得

$$\alpha=\frac{1}{2}\left(1-(\beta c)^{\frac{1}{p-1}}\right)>0,\text{ 则}$$

$$|\{x\in Q:\ \omega(x)>\beta m_Q(\omega)\}|=|Q\backslash E'|=|Q|-|E'|$$
$$\geqslant|Q|\left(1-(\beta c)^{\frac{1}{p-1}}\right)=2\alpha|Q|>\alpha|Q|.$$

第二步：对任意 Q 和 $\lambda>m_Q(\omega)$，

$$\int_{\{x\in Q:\ \omega(x)>\lambda\}}\omega(x)dx\leqslant c\lambda|\{x\in Q:\ \omega(x)>\beta\lambda\}|,$$

其中 c 与 Q 无关。

为了证明上述不等式，我们对 Q 进行 Calderón-Zygmund 分解，得到 $\{Q_k\}$ 满足

(1) $\omega(x)\leqslant\lambda$，对几乎处处 $x\in Q\setminus\bigcup_k Q_k$ 成立；

(2) $\lambda\leqslant m_{Q_k}(\omega)\leqslant 2^n\lambda$.

因此

$$\int_{\{x\in Q:\omega(x)>\lambda\}}\omega(x)dx\leqslant\sum_{k=1}^{\infty}\int_{Q_k}\omega(x)dx$$
$$=\sum_{k=1}^{\infty}|Q_k|m_{Q_k}(\omega)\leqslant 2^n\lambda\sum_{k=1}^{\infty}|Q_k|$$
$$\leqslant\frac{2^n\lambda}{\alpha}\sum_{k=1}^{\infty}|\{x\in Q_k:\ \omega(x)>\beta m_{Q_k}(\omega)\}|$$

$$\leqslant \frac{2^n}{\alpha}\lambda\sum_{k=1}^{\infty}|\{x\in Q_k:\ \omega(x)>\beta\lambda\}|$$

$$\leqslant \frac{2^n}{\alpha}\lambda|\{x\in Q:\ \omega(x)>\beta\lambda\}|.$$

第三步：$m_Q(\omega^{1+\delta})\leqslant c(m_Q(\omega))^{(1+\delta)}$，其中 c, δ 与 Q 无关.

由第二步知，对 $\delta>0$，有

$$\int_{m_Q(\omega)}^{\infty}\lambda^{\delta-1}\int_{\{x\in Q:\omega(x)>\lambda\}}\omega(x)dxd\lambda\leqslant c\int_{m_Q(\omega)}^{\infty}\lambda^{\delta}|\{x\in Q:\ \omega(x)$$

$$>\beta\lambda\}|d\lambda\leqslant c\int_0^{\infty}\lambda^{\delta}|\{x\in Q:\ \omega(x)>\beta\lambda\}|d\lambda$$

$$=c\beta^{-(1+\delta)}\int_0^{\infty}\lambda^{\delta}|\{x\in Q:\ \omega(x)>\lambda\}|d\lambda$$

$$=\frac{c\beta^{-(1+\delta)}}{1+\delta}\int_Q\omega^{1+\delta}(x)dx=\frac{c\beta^{-(1+\delta)}}{1+\delta}m_Q(\omega^{1+\delta})|Q|.$$

再由 Fubini 定理，

$$\int_{m_Q(\omega)}^{\infty}\lambda^{\delta-1}\int_{\{x\in Q:\omega(x)>\lambda\}}\omega(x)dxd\lambda$$

$$=\int_{\{x\in Q:\omega(x)>m_Q(\omega)\}}\int_{m_Q(\omega)}^{\omega(x)}\lambda^{\delta-1}d\lambda dx$$

$$=\int_{\{x\in Q:\omega(x)>m_Q(\omega)\}}\omega(x)\left[\frac{\omega^{\delta}(x)}{\delta}-\frac{(m_Q(\omega))^{\delta}}{\delta}\right]dx$$

$$\geqslant\int_{\{x\in Q:\omega(x)>m_Q(\omega)\}}\left[\frac{\omega^{1+\delta}(x)}{\delta}-\frac{(m_Q(\omega))^{1+\delta}}{\delta}\right]dx$$

$$\geqslant\frac{1}{\delta}\int_{Q\setminus\{x\in Q:\omega(x)\leqslant m_Q(\omega)\}}\omega^{(1+\delta)}(x)dx-\int_Q\frac{(m_Q(\omega))^{(1+\delta)}}{\delta}dx$$

$$\geqslant\frac{1}{\delta}\int_Q\omega^{(1+\delta)}dx-\frac{1}{\delta}\int_{\{x\in Q:\omega(x)\leqslant m_Q(\omega)\}}\omega^{1+\delta}dx$$

$$-\frac{1}{\delta}m_Q^{(1+\delta)}(\omega)|Q|\geqslant\frac{1}{\delta}m_Q(\omega^{(1+\delta)})|Q|$$

$$-\frac{2}{\delta}(m_Q(\omega))^{(1+\delta)}|Q|.$$

因此，
$$\frac{1}{\delta}m_Q(\omega^{1+\delta})|Q|-\frac{2}{\delta}(m_Q(\omega))^{(1+\delta)}|Q|$$

$$\leqslant \frac{c\beta^{-(1+\delta)}}{1+\delta} m_Q(\omega^{1+\delta})|Q|.$$

这就证明了

$$\left(\frac{1}{\delta} - \frac{c\beta^{-(1+\delta)}}{1+\delta}\right) m_Q(\omega^{1+\delta}) \leqslant \frac{2}{\delta}(m_Q(\omega))^{(1+\delta)}.$$

取 δ 充分小，使得 $\frac{1}{\delta} - \frac{c\beta^{-(1+\delta)}}{1+\delta} > 0$，就得到

$$m_Q(\omega^{1+\delta}) \leqslant c(m_Q(\omega))^{(1+\delta)}.$$

我们看到定理(2.2)的证明的关键是引理 (2.5) 或者第二个证明的第一步．换言之，只要 ω 满足引理(2.5)或第二个证明的第一步所证明的不等式，则 ω 就满足反向 Hölder 不等式．所以，我们引入下面的定义：

定义 (2.6) $A_\infty = \bigcup_{p \geqslant 1} A_p$，即 $\omega \in A_\infty$，如果对某个 $p \geqslant 1$ $\omega \in A_p$.

下面的定理给出了 A_∞ 的不同刻划．

定理 (2.7) 以下命题是等价的：

(1) $\omega \in A_\infty$;

(2) 存在与 Q 无关的常数 $c > 0$ 和 $\delta > 0$ 使得对任意 $E \subset Q$，都有

$$\frac{\omega(E)}{\omega(Q)} < c\left(\frac{|E|}{|Q|}\right)^\delta;$$

(3) 存在与 Q 无关的常数 $c > 0$ 和 $\delta > 0$ 使得对任意 $E \subset Q$，有

$$\frac{|E|}{|Q|} < c\left(\frac{\omega(E)}{\omega(Q)}\right)^\delta;$$

(4) 存在与 Q 无关的常数 $\alpha, \beta \in (0,1)$ 使得对任意 $E \subset Q$ 且 $\frac{|E|}{|Q|} < \alpha$，都有

$$\frac{\omega(E)}{\omega(Q)} < \beta;$$

(5) 存在 $\alpha, \beta \in (0, 1)$，使得对任意 $E \subset Q$ 且 $\dfrac{\omega(E)}{\omega(Q)} < \alpha$，都有

$$\frac{|E|}{|Q|} < \beta;$$

(6) 对某个 $\delta > 0$, $c > 0$,

$$\frac{1}{|Q|} \int_Q \omega^{1+\delta}(x) dx \leqslant c \left(\frac{1}{|Q|} \int_Q \omega(x) dx \right)^{1+\delta}.$$

证明：我们证明 (1)⇔(6). 显然，由 (1) 可以直接推出 (6). 为了证明由 (6) 推出 (1)，我们需要下面的引理.

引理 (2.8) 如果 ω 满足 (6)，即 ω 满足反向 Hölder 不等式，则 $\omega(x)dx$ 满足双倍条件，即存在常数 c_1 和 c_2，使得

$$\omega(c_1 Q) \leqslant c_2 \omega(Q).$$

证明：取 $E \subset Q$，令 $1 + \delta = q$，则

$$\frac{1}{|Q|} \int_Q \chi_E \omega(x) dx \leqslant \left(\frac{1}{|Q|} \int_Q \omega^q dx \right)^{1/q} \left(\frac{|E|}{|Q|} \right)^{1/q'}$$

$$\leqslant c \cdot \frac{\omega(Q)}{|Q|} \left(\frac{|E|}{|Q|} \right)^{1/q'}.$$

因此

$$\frac{\omega(E)}{\omega(Q)} \leqslant c \left(\frac{|E|}{|Q|} \right)^{1/q'}.$$

取 F 是与 Q 同心的子方体，$E = Q \backslash F$ 且 $c \left(\dfrac{|E|}{|Q|} \right)^{1/q'} = 1/2$，则记 $Q = \lambda F$，λ 仅依赖于 c 和 q 而与 Q 无关，则

$$1 - \frac{\omega(F)}{\omega(\lambda F)} = \frac{\omega(E)}{\omega(Q)} \leqslant \frac{1}{2}.$$

从而得到 $\omega(\lambda F) \leqslant 2\omega(F)$.

引理 (2.9) 如果 ω 满足 (6)，$1 + \delta = q$，则 $\omega_1 = \omega^{-1} \in A_{q'}(\omega dx)$，其中 $\dfrac{1}{q} + \dfrac{1}{q'} = 1$.

证明：因为 $\dfrac{1}{q' - 1} + 1 = q$，所以

$$\left(\frac{1}{\omega(Q)}\int_Q \omega^{-1}\omega dx\right)\left(\frac{1}{\omega(Q)}\int_Q (\omega^{-1})^{-\frac{1}{q'-1}}\omega dx\right)^{q'-1}$$

$$=\frac{|Q|}{\omega(Q)}\left(\frac{|Q|}{\omega(Q)}\right)^{q'-1}\left(\frac{1}{|Q|}\int_Q \omega^q dx\right)^{q'-1}$$

$$\leqslant c\left(\frac{|Q|}{\omega(Q)}\right)^{q'}\left(\frac{\omega(Q)}{|Q|}\right)^{(q'-1)q}=c.$$

现在证明由 (6) 推出 (1). 由 (2.9) 知 $\omega^{-1}\in A_{q'}(\omega dx)$. 因为 ωdx 满足双倍条件,于是 ω^{-1} 满足反向 Hölder 不等式(对于测度 ωdx 而言),即

$$\frac{1}{\omega(Q)}\int_Q \omega^{-p}\omega dx\leqslant c\left(\frac{|Q|}{\omega(Q)}\right)^p,$$

其中 p 大于1.

这样我们有

$$\frac{1}{|Q|}\int_Q \omega^{1-p}dx\leqslant c\left(\frac{|Q|}{\omega(Q)}\right)^{p-1}.$$

而 $1-p=-\dfrac{1}{p'-1}$, 因此 $\omega\in A_{p'}$, 即 $\omega\in A_\infty$.

(6) ⇒ (4): 由引理 (2.8) 可知,存在常数 c 使得

$$\frac{1}{|Q|}\int_Q \chi_E\omega dx\leqslant c\frac{\omega(Q)}{|Q|}\left(\frac{|E|}{|Q|}\right)^{1/q'},$$

其中 $E\subset Q$, χ_E 是 E 上的特征函数,于是我们有

$$\frac{\omega(E)}{\omega(Q)}\leqslant c\left(\frac{|E|}{|Q|}\right)^{1/q'}.$$

取 α 充分小, $0<\alpha<1$, 使得 $c\alpha^{1/q'}=\beta<1$. 这就推出对于任何 $E\subset Q$, 只要$\dfrac{|E|}{|Q|}<\alpha$ 就有 $\dfrac{\omega(E)}{\omega(Q)}<\beta$.

(4) ⇔ (5):设 (4) 成立,令 $\alpha_0=1-\beta$, $\beta_0=(1-\alpha)+\dfrac{\alpha}{2}$, 则 $\alpha_0,\beta_0\in(0,1)$. 此时若 $\dfrac{\omega(E)}{\omega(Q)}<\alpha_0$, 则

$$\frac{\omega(Q)-\omega(Q\backslash E)}{\omega(Q)}<1-\beta,$$

即

$$\frac{\omega(Q\backslash E)}{\omega(Q)} > \beta.$$

由 (4) 推得 $\frac{|Q\backslash E|}{|Q|} \geqslant \alpha$. 因此 $\frac{|Q|-|E|}{|Q|} \geqslant \alpha$,于是

$$\frac{|E|}{|Q|} \leqslant 1-\alpha < 1-\alpha+\frac{\alpha}{2} = \beta.$$

用完全类似的方法可以证明由 (5) 推出 (4).

(2) ⇔ (3): 我们将证明 (2) ⇒ (4) ⇒ (5) ⇒ (6) ⇒ (3). 同理可证 (3) ⇒ (5) ⇒ (4) ⇒ (6) ⇒ (2). 由引理(2.5)可知 (5)⇒(6) 以及 (4) ⇒ (5),所以我们仅需证明 (2)⇒ (4) 和 (6) ⇒ (3).

现证 (2) ⇒ (4): 令 $\alpha = \frac{1}{2}\min(1, c^{-1/\delta})$, 则若 $\frac{|E|}{|Q|} < \alpha$, 其中 $E \subset Q$, 那么就有 $c\left(\frac{|E|}{|Q|}\right)^\delta < \left(\frac{1}{2}\right)^\delta$. 于是取 $\beta = \left(\frac{1}{2}\right)^\delta$, 我们得到

$$\frac{\omega(E)}{\omega(Q)} \leqslant c\left(\frac{|E|}{|Q|}\right)^\delta < \left(\frac{1}{2}\right)^\delta = \beta.$$

(6) ⇒ (3): 因为 (6) ⇒ $\omega^{-1} \in A_{q'}(\omega dx)$, 其中 $q = 1 + \delta$. 所以 ω^{-1} 满足反向 Hölder 不等式

$$\left(\frac{1}{\omega(Q)}\int_Q (\omega^{-1})^{(1+\delta')}\omega dx\right) \leqslant c\left(\frac{1}{\omega(Q)}\int_Q \omega^{-1}\omega dx\right)^{1+\delta'},$$

即

$$\left(\frac{1}{\omega(Q)}\int_Q (\omega^{-1})^{(1+\delta')}\omega dx\right) \leqslant c\left(\frac{|Q|}{\omega(Q)}\right)^{1+\delta'}.$$

于是我们有

$$\begin{aligned}|E| &= \int_Q \chi_E dx = \int_Q \chi_E \omega^{-1}\omega dx \\ &\leqslant \left(\int_Q (\omega^{-1})^{(1+\delta')}\omega dx\right)^{1/1+\delta'}\left(\int_Q \chi_E \omega dx\right)^{\delta'/1+\delta'} \\ &\leqslant c(\omega(Q))^{1/1+\delta'} \cdot \frac{|Q|}{\omega(Q)}(\omega(E))^{\delta'/1+\delta'}\end{aligned}$$

$$= c|Q|\left(\frac{\omega(E)}{\omega(Q)}\right)^{\delta/1+\delta'}.$$

这样就推出

$$\frac{|E|}{|Q|} \leqslant c\left(\frac{\omega(E)}{\omega(Q)}\right)^{\delta'/1+\delta'}.$$

令 $\delta'/1+\delta'=\delta$，即我们证明了 (6) ⇒ (3)。

现证明 (4) ⇒ (2)。为此，我们证明下面的引理：

引理 (2.10) 若 $0<\alpha<1$，$E_0\subset Q$ 且 $|E_0|\leqslant\frac{\alpha}{2^n}|Q|$，则存在互不相交的方体 $\{Q_i\}$ 使得 $E_0\subset E_1=\bigcup_i Q_i$. 进一步对每个 i，

$$\frac{\alpha}{2^n}<\frac{|E_0\cap Q_i|}{|Q_i|}\leqslant\alpha.$$

证明：对 Q 进行 Calderón-Zygmund 分解，我们得到 $\{Q_i\}$，满足

(i) $\frac{\alpha}{2^n}<\frac{1}{|Q_i|}\int_{Q_i}\chi_{E_0}dx<\alpha$;

(ii) $\frac{1}{|Q|}\int_Q\chi_{E_0}(x)dx\leqslant\frac{\alpha}{2^n}$;

(iii) $\chi_{E_0}(x)\leqslant\frac{\alpha}{2^n}$ 对几乎处处 $x\in Q\setminus\bigcup_i Q_i$ 成立。于是我们有

$$\frac{\alpha}{2^n}|E_1|<|E_0|\leqslant\alpha|E_1|.$$

现设 (4) 成立，取 $E_0\subset Q$，如果 $\frac{|E_0|}{|Q|}>\frac{\alpha}{2^n}$，我们有

$$\frac{\omega(E_0)}{\omega(Q)}\leqslant 1-\frac{2^n}{\alpha}\cdot\frac{\alpha}{2^n}\leqslant\frac{2^n}{\alpha}\left(\frac{|E_0|}{|Q|}\right)^{\delta},$$

对某个 $0<\delta<1$ 成立。令 $k\geqslant 1$ 是整数且

$$\left(\frac{\alpha}{2^n}\right)^{k+1}<\frac{|E_0|}{|Q|}\leqslant\left(\frac{\alpha}{2^n}\right)^{k}.$$

由引理 (2.10) 存在 $\{Q_i\}$，使得 $E_0 \subset E_1 = \bigcup_i Q_i$ 且

$$\frac{\alpha}{2^n} < \frac{|E_0 \cap Q_i|}{|Q_i|} \leqslant \alpha.$$

因此，$\omega(E_0 \cap Q_i) \leqslant \beta\omega(Q_i)$. 从而得到 $\omega(E_0) \leqslant \beta\omega(E_1)$. 同时

(i) $|E_1|/|Q| \leqslant \frac{2^n}{\alpha} \cdot \frac{|E_0|}{|Q|} \leqslant \left(\frac{\alpha}{2^n}\right)^{k-1}$;

(ii) $|E_1|/|Q| \geqslant \frac{1}{\alpha} \cdot \frac{|E_0|}{|Q|} > \left(\frac{\alpha}{2^n}\right)^{k}$.

由此即得

$$\left(\frac{\alpha}{2^n}\right)^{k} < \frac{|E_1|}{|Q|} < \left(\frac{\alpha}{2^n}\right)^{k-1}.$$

所以我们得到 $E_0, E_1, \cdots, E_k$ 满足 $\omega(E_i) \leqslant \beta\omega(E_{i+1})$. 最后

(iii) $\left(\frac{\alpha}{2^n}\right)^{k+1-i} < \frac{|E_i|}{|Q|} < \left(\frac{\alpha}{2^n}\right)^{k-i}$.

因为 $k+1 > \frac{|\log |E_0|/|Q||}{|\log \alpha/2^n|}$，所以

$$\frac{\omega(E_0)}{\omega(Q)} = \frac{\omega(E_0)}{\omega(E_1)} \cdot \frac{\omega(E_1)}{\omega(E_2)} \cdots \frac{\omega(E_k)}{\omega(Q)} \leqslant \beta^k = \frac{1}{\beta}\beta^{k+1}$$
$$\leqslant \frac{1}{\beta}\left(\frac{|E_0|}{|Q|}\right)^{|\log\beta|/|\log\alpha/2^n}.$$

下面我们将看到，在算子加权不等式的研究中，A_∞ 条件起了关键的作用.

§3. Hardy-Littlewood 极大函数
加权不等式

本节我们主要证明:

定理 (3.1) 如果 $\omega \in A_p$, $1 < p < \infty$，则 $f \to M(f)$ 是 $L^p(\omega dx)$ 上的有界算子.

证明：我们定义

$$M_\omega(f)(x)=\sup_{x\in Q}\frac{1}{\omega(Q)}\int_Q |f(y)|\omega(y)dy.$$

我们已经证明了,如果 $f\in L^p_{loc}(\omega dx)$, 则存在常数 c, 使得

$$M(f)(x)\leqslant c^{1/p}(M_\omega(|f|^p)(x))^{1/p},$$

如果 $f\in L^{p_1}(\omega dx), p_1>p$, 则 $f\in L^p_{loc}(\omega dx)$ 且 $|f|^p\in L^{p_1/p}(\omega dx)$ 因此,

$$\int_{\mathbf{R}^n}[M_\omega(|f|^p)]^{p_1/p}\omega dx\leqslant c\||f|\|^{p_1/p}_{L^{p_1/p}(\omega dx)}.$$

这就证明了

$$\int_{\mathbf{R}^n}(M(f))^{p_1}\omega dx\leqslant c\int_{\mathbf{R}^n}|f|^{p_1}\omega dx.$$

即由 $\omega\in A_p$ 得到 $f\to M(f)$ 是 $L^{p_1}(\omega dx), p_1>p$, 上的有界算子. 再由 $\omega\in A_p$ 可以得到 $\omega\in A_{p-\varepsilon}$, 从而证明了 $f\to M(f)$ 是 $L^p(\omega dx)$ 上的有界算子.

实际上,我们证明了

定理 (3.2) 以下命题是等价的:

(1) $\omega\in A_p$;

(2) $f\to M(f)$ 是强 $(L^p(\omega dx), L^p(\omega dx))$ 型;

(3) $f\to M(f)$ 是强 $(L^{p-\varepsilon}(\omega dx), L^{p-\varepsilon}(\omega dx))$ 型, 对某个 $\varepsilon>0$;

(4) $f\to M(f)$ 是弱 $(L^p(\omega dx), L^p(\omega dx))$ 型.

§4. Hardy-Littlewood 极大函数的双权不等式

让我们回到§1的一个类似的问题: 设 $1\leqslant p<\infty$, 对什么样的权函数对 (u, v), Hardy-Littlewood 极大函数是由 $L^p(\mathbf{R}^n, udx)$ 到弱 $L^p(\mathbf{R}^n, vdx)$ 的有界算子? 即对如此的权函数对 (u, v), 是否存在常数 c, 使得对于任意 $\lambda>0$ 和任意 $f\in L^1_{loc}(\mathbf{R}^n, dx)\cap L^p(\mathbf{R}^n, dx)$, 下面的不等式成立.

(4.1) $$\int_{\{x\in\mathbb{R}^n:M(f)(x)>\lambda\}} udx \leqslant \frac{c(u,v)}{\lambda^p}\int_{\mathbb{R}^n}|f|^p vdx.$$

我们先考虑 $1<p<\infty$ 的情形，这时有一个非常简单的充分必要条件，即存在常数 $c>0$ 使得对于任意方体 Q，有

(4.2) $$\left(\frac{1}{|Q|}\int_Q udx\right)\left(\frac{1}{|Q|}\int_Q v^{-\frac{1}{p-1}}dx\right)^{p-1}\leqslant c.$$

我们先由 (4.1) 推出 (4.2). 令 Q 是任意一个方体，ε 是任意正数使得 $(v+\varepsilon)^{-\frac{1}{p-1}}\in L^p_{loc}(\mathbb{R}^n, dx)$，则在 (4.1) 中，令 $f=(v+\varepsilon)^{-\frac{1}{p-1}}\chi_Q$ 和 $\lambda=\frac{1}{|Q|}\int_Q (v+\varepsilon)^{-\frac{1}{p-1}}dx$，则 $Q\subseteq\{x\in\mathbb{R}^n: M(f)(x)>\lambda\}$，因此

$$\int_Q udx\leqslant c\left(\frac{1}{|Q|}\int_Q(v+\varepsilon)^{-\frac{1}{p-1}}dx\right)^{-p}\int_Q(v+\varepsilon)^{1-\frac{1}{p-1}}dx$$

$$=c|Q|^p\left(\int_Q(v+\varepsilon)^{-\frac{1}{p-1}}dx\right)^{1-p}.$$

考虑到 ε 的任意性，即推知 (u, v) 满足 (4.2).

反之，若 (4.2) 成立，令

$$M_{u,v}(f)(x)=\sup_{r>0}\frac{1}{\int_{Q(x,r)}udy}\int_{Q(x,r)}|f|vdy,$$

(其中 $Q(x, r)$ 是以 x 为中心，r 为边长的方体)，类似于 § 1 的方法我们可以证明 $M_{u,v}(f)$ 是由 $L^1(vdx)$ 到 $L^1_W(udx)$ 的有界算子，因此 (4.1) 式将由下面的不等式得到

(4.3) $$M(f)(x)\leqslant c(M_{u,v}(|f|^p)(x))^{1/p}.$$

现在我们证明 (4.3). 令 Q 是任意方体，记 $f=(fv^{1/p})v^{-1/p}$，应用 Hölder 不等式可以得到

$$\frac{1}{|Q|}\int_Q|f|dx\leqslant\left(\frac{1}{|Q|}\int_Q|f|^pvdx\right)^{1/p}\left(\frac{1}{|Q|}\int_Q v^{-\frac{1}{p-1}}dx\right)^{\frac{p-1}{p}}.$$

由 (4.2) 式，有

$$\frac{1}{|Q|}\int_Q|f|dx\leqslant c\left(\frac{1}{|Q|}\int_Q udy\right)^{1/p}\left(\frac{1}{|Q|}\int_Q|f|^pvdx\right)^{1/p},$$

对上述不等式右边取 sup，然后再对左边取 sup 即得 (4.3)。

但是，要想找出 (u, v) 满足的充分必要条件使 Hardy-Littlewood 极大函数是 $L^p(vdx)$ 到 $L^p(udx)$ 上的有界算子$(1<p<\infty)$，却并非如此简单，Sawyer 最近解决了这个问题，即下面的定理(看[3])：

定理 (4.4) 设 u，v 是 $\mathbf{R}^n$ 上两个权函数，$1<p<\infty$，则下述命题是等价的：

(1) 存在常数 $c_p>0$ 使得

$$\int_{\mathbf{R}^n}(M(f))^p(x)u(x)dx\leqslant c_p\int_{\mathbf{R}^n}|f|^pv(x)dx;$$

(2) 对任意方体 Q，

$$\int_Q|M(v^{-\frac{1}{p-1}}\chi_Q)|^pudx\leqslant c\int_Q v^{-\frac{1}{p-1}}dx<\infty.$$

§5. 关于 A_1-权函数的若干结果

在这一节我们具体地给出 A_1-权函数的构造。首先，我们需要下面的 Kolmogorov 不等式：

引理 (5.1) (Kolmogorov 不等式) 设 T 是任意一个由 $L^1(\mathbf{R}^n)$ 到可测函数空间的算子，且 T 是弱$(1,1)$型，则对任意 $0<\delta<1$，存在常数 $c_\delta>0$，使得对任意有界可测集 $E\subset\mathbf{R}^n$ 和任意 $f\in L^1(\mathbf{R}^n)$，有

$$\int_E|Tf|^\delta dx\leqslant c_\delta|E|^{1-\delta}\|f\|_1^\delta. \tag{5.2}$$

反之，如果存在 $0<\delta_0<1$ 使(5.2)成立，则 T 是弱$(1,1)$型。

证明：对任意 $0<\delta<1$，

$$\begin{aligned}\int_E|Tf|^\delta dx&=\delta\int_0^\infty\lambda^{\delta-1}|\{x\in E: |Tf(x)|>\lambda\}|d\lambda\\&\leqslant\delta\int_0^\infty\min\left(c\frac{\|f\|_1}{\lambda}, |E|\right)\lambda^{\delta-1}d\lambda\\&\leqslant\delta\int_0^{c\|f\|_1|E|^{-1}}|E|\lambda^{\delta-1}d\lambda+\delta\int_{c\|f\|_1|E|^{-1}}^\infty c\frac{\|f\|_1}{\lambda}\lambda^{\delta-1}d\lambda\end{aligned}$$

$$= |E|(c\|f\|_1|E|^{-1})^\delta + \frac{\delta}{1-\delta}(c\|f\|_1|E|^{-1})^{\delta-1}\|f\|_1$$

$$\leqslant c\left(1+\frac{\delta}{1-\delta}\right)\|f\|_1^\delta|E|^{1-\delta}.$$

令 $c_\delta = c\left(1+\frac{\delta}{1-\delta}\right)$，即得 (5.2)。

现设存在 $0<\delta_0<1$，使 (5.2) 成立，$\lambda>0, E=\{x\in \mathbf{R}^n: |Tf(x)|>\lambda\}$，我们首先指出 $|E|<\infty$，否则可以找到可测集序列 $\{E_n\}_{n=1}^\infty$ 使得 $E_n\subseteq E$，$|E_n|=n$。这样，对于每一个 n，都有

$$\lambda^{\delta_0}n = \lambda^{\delta_0}|E_n| \leqslant \int_{E_n}|Tf(x)|^{\delta_0}dx \leqslant c_{\delta_0}|E_n|^{1-\delta_0}\|f\|_1^{\delta_0}$$
$$= c_\delta n^{1-\delta_0}\|f\|_1^{\delta_0}.$$

这显然是不可能的。因此，$|E|<\infty$。

由 (5.2)，

$$\int_{\{x\in\mathbf{R}^n:|Tf(x)|>\lambda\}}|Tf(x)|^\delta dx \leqslant c_\delta|\{x\in\mathbf{R}^n:|Tf(x)|$$
$$>\lambda\}|^{1-\delta_0}\|f\|_1^{\delta_0}.$$

但我们知道

$$\lambda^{\delta_0}|\{x\in\mathbf{R}^n: |Tf(x)|>\lambda\}| \leqslant \int_{\{x\in\mathbf{R}^n:|Tf(x)|>\lambda\}}|Tf(x)|^{\delta_0}dx,$$

所以

$$|\{x\in\mathbf{R}^n: |Tf(x)|>\lambda\}| \leqslant c_{\delta_0}^{1/\delta_0}\frac{\|f\|_1}{\lambda},$$

此即证明了 T 是弱(1,1)型。

定理 (5.3) 设 $f(x)\geqslant 0$，$f\in L^1_{\text{loc}}(\mathbf{R}^n)$，$0<\delta<1$，则 $\omega=(M(f)(x))^\delta\in A_1$。

证明：实际上，我们可以证明存在常数 c 与 f 无关，使得对任意方体 Q

$$\frac{1}{|Q|}\int_Q\omega(y)dy \leqslant c\operatorname{ess\,inf}_{x\in Q}\omega(x).$$

因为 Hardy-Littlewood 极大函数是弱 (1, 1) 型的，再由 Kolmogorov 不等式，存在常数 c_δ 与 f, Q 无关，使得

$$\frac{1}{|Q|}\int_Q \omega(y)dy = \frac{1}{|Q|}\int_Q (M(f))^\delta(y)dy$$

$$\leqslant c_\delta \frac{1}{|Q|}|Q|^{1-\delta}\|f\|_1^\delta = c_\delta\left(\frac{1}{|Q|}\int_{\mathbf{R}^n} f(y)dy\right)^\delta.$$

然后只须证明可以将上式的 $\mathbf{R}^n$ 换成 Q 即可. 这样我们就有

$$\left(\frac{1}{|Q|}\int_Q \omega(y)dy\right)^\delta \leqslant (M(f)(x))^\delta = \omega(x).$$

但我们并不能直接得到上述结论. 为此，我们将如下进行：

固定一个方体 Q, $\bar{Q} = 3Q$, 则 $|\bar{Q}| = 3^n|Q|$. 我们记

$$f(x) = f(x)\chi_{\bar{Q}}(x) + f(x)(1-\chi_{\bar{Q}}(x)).$$

于是 $M(f)(x) \leqslant M(f\chi_{\bar{Q}})(x) + M[f(x)(1-\chi_{\bar{Q}})](x)$. 因为 $0<\delta<1$, 所以

$$(M(f)(x))^\delta \leqslant (M(f\chi_{\bar{Q}})(x))^\delta + (M[f(1-\chi_{\bar{Q}})](x))^\delta.$$

记 $\omega_1(x) = (M(f\chi_{\bar{Q}})(x))^\delta$, $\omega_2(x) = (M[f(1-\chi_{\bar{Q}})](x))^\delta$, 则由 Kolmogorov 不等式

$$\frac{1}{|Q|}\int_Q \omega_1(x)dx \leqslant c_\delta \frac{1}{|Q|}\cdot|Q|^{1-\delta}\left(\int_{\mathbf{R}^n} f\chi_{\bar{Q}}(x)dx\right)^\delta$$

$$= c_\delta\left(\frac{1}{|Q|}\int_{\bar{Q}} f(x)dx\right)^\delta = 3^{n\delta}c_\delta\left(\frac{1}{|\bar{Q}|}\int_{\bar{Q}} f(y)dy\right)$$

$$\leqslant 3^{n\delta}c_\delta(M(f)(x))^\delta = 3^{n\delta}c_\delta\omega(x),$$

对一切 $x\in Q$ 都成立. 因此

$$\frac{1}{|Q|}\int_Q \omega_1(x)dx \leqslant 3^{n\delta}c_\delta \operatorname*{ess\,inf}_{x\in Q}\omega(x).$$

下面我们要证明存在一个几何常数 c_n, 使得对任意 $\xi, x\in Q$, 都有

$$M(f(1-\chi_{\bar{Q}}))(\xi) \leqslant c_n M(f(1-\chi_{\bar{Q}}))(x).$$

令 Q_ξ 是包含 ξ 的任意一个方体并且 $Q_\xi \cap (\mathbf{R}^n\backslash\bar{Q}) \neq \phi$, 因为 Q_ξ 的边长不能小于 $\mathrm{dist}(\partial Q, \partial\bar{Q})$ (∂Q, $\partial\bar{Q}$ 表示 Q 和 $\bar{Q}$ 的边界), 即 Q_ξ 的边长 $\geqslant Q$ 的边长，所以 $Q\subset\bar{Q}_\xi$. 这样我们就得到

$$\frac{1}{3^n|Q_\xi|}\int_{Q_\xi} f(1-\chi_{\bar{Q}})(y)dy \leqslant \frac{1}{|\bar{Q}_\xi|}\int_{Q_\xi} f(1-\chi_{\bar{Q}})(y)dy$$
$$\leqslant \frac{1}{|\bar{Q}_\xi|}\int_{\bar{Q}_\xi} f(1-\chi_{\bar{Q}})(y)dy \leqslant M(f(1-\chi_{\bar{Q}}))(x).$$

对所有的 Q_ξ 取 sup 得

$$M(f(1-\chi_{\bar{Q}}))(\xi) \leqslant 3^n M(f(1-\chi_{\bar{Q}}))(x).$$

于是对任意 $x\in Q$

$$\int_Q \omega_2(y)dy \leqslant \int_Q 3^{n\delta}\omega_2(x)dy = 3^{n\delta}|Q|\omega_2(x)$$
$$\leqslant 3^{n\delta}|Q|\omega(x),$$

对一切 $x\in Q$ 成立. 由此得到

$$\frac{1}{|Q|}\int_Q \omega_2(y)dy \leqslant 3^{n\delta}\operatorname*{ess\,inf}_{x\in Q}\omega(x).$$

这样就证明了

$$\frac{1}{|Q|}\int_Q \omega(y)dy \leqslant 3^{n\varepsilon}(c_\delta+1)\operatorname*{ess\,inf}_{x\in Q}\omega(x).$$

从而推知 $\omega\in A_1$.

下面的定理在某种意义下是定理 (5.3) 的逆定理.

定理 (5.4) 设 $\omega\in A_1$, 则存在非负, 局部可积函数 f 和常数 c, δ, $0<\delta<1$, 使得

$$\omega(x) \leqslant (M(f)(x))^\delta \leqslant c\omega(x).$$

证明: 因为 $\omega\in A_1$, 所以 $\omega\in A_p$, $1<p<\infty$, 特别地, ω 满足反向 Hölder 不等式, 即存在 $c_0>0, \delta_0>0$ 使得对所有方体 Q,

$$\left(\frac{1}{|Q|}\int_Q \omega^{1+\delta_0}dx\right)^{1/1+\delta_0} \leqslant c_0\left(\frac{1}{|Q|}\int_Q \omega dx\right).$$

现令 Q_x 是包含 x 的一个方体, 则我们有

$$\left(\frac{1}{|Q_x|}\int_{Q_x} \omega^{1+\delta_0}dy\right)^{1/1+\delta_0} \leqslant c_0\left(\frac{1}{|Q_x|}\int_{Q_x} \omega(y)dy\right).$$

这就推出

$$\omega(x) \leqslant (M(\omega^{1+\delta_0})(x))^{1/1+\delta_0} \leqslant c_0 M(\omega)(x) \leqslant c\omega(x).$$

我们只要取 $f=\omega^{1+\delta_0}$ 和 $\delta=1/(1+\delta_0)$, 即得定理.

最后，我们给出 A_1-权函数的一个特别的例子。设 $p>1$，$f\in L^p(\mathbf{R}^n)$且 $f\geqslant 0$，对 $\varepsilon>0$，我们定义

$$M_\varepsilon(f)(x)=(M(f^{1+\varepsilon})(x))^{1/1+\varepsilon}.$$

显然有

(1) $M_\varepsilon(f)\in A_1$ 对每一个 $\varepsilon>0$；

(2) 如果 $p-1>\varepsilon>0$，则 $M_\varepsilon(f)\in L^p(\mathbf{R}^n)$。

§6. A_p-权函数的分解

在这一节我们研究 A_p-权函数的分解。这个问题是 P. Jones 在 1980 年首先解决的(看[4])。

定理 (6.1) 设 $1<p<\infty$，则 $\omega\in A_p$ 的充分必要条件是 $\omega=\omega_1\omega_2^{1-p}$，其中 $\omega_1,\omega_2\in A_1$。

证明：我们已经在讨论 A_p-权函数的初等性质中证明了充分性。现在我们证明必要性。

第一步：设 $1<p<\infty$，$\frac{1}{p}+\frac{1}{q}=1$，则 $\omega\in A_p$ 的充要条件是 $\omega^{1-q}\in A_q$。

这在 A_p-权函数的初等性质时加以证明了。

第二步：设 $1<p\leqslant 2$，$s=q-1>1$，$\frac{1}{p}+\frac{1}{q}=1$，定义 $u_{j+1}=\{M(u_j^s)(x)\}^{1/s}+\omega^{-1}(x)M(u_j\omega)(x)$，其中 $u_0\in L^q(\mathbf{R}^n,\omega dx)$ 且 $u_0>0$，则

(1) 存在一个常数 c，使得 $\|u_{j+1}\|_{L^q(\omega dx)}\leqslant c\|u_j\|_{L^q(\omega dx)}$

(2) 取 $k>c$，并令 $V=\sum_{j=0}^{\infty}k^{-j}u_j$，则 $V\omega\in A_1$，$V^s\in A_1$，

这是因为对于(1)，

$$\|u_{j+1}\|_{L^q(\omega dx)}^q\leqslant c\int(M(u_j^s)(x))^{q/s}\omega dx$$

$$+c\int[\omega^{-1}M(u_j\omega)(x)]^q\omega dx=c\left\{\int(M(u_j^{q/p})(x))^p\omega(x)dx\right.$$

$$\left.+\int(M(u_j\omega)(x))^q\omega^{1-q}dx\right\}\leqslant c_1\int u_j^q\omega dx$$

$$+ c_2\int(u_j\omega)^q\omega^{1-q}dx = c\int u_j^q\omega(x)dx.$$

对于(2),

$$M(V\omega)(x) \leqslant \sum_{j=0}^{\infty} k^{-j}M(u_j\omega)(x) \leqslant k\sum_{j=0}^{\infty} k^{-(j+1)}u_{j+1}\omega$$

$$= k\sum_{j=1}^{\infty} k^{-j}u_j\omega \leqslant kV\omega(x),$$

所以 $V\omega\in A_1$. 另外,

$$(M(V^s)(x))^{1/s} = \left\{M\left(\sum_{j=0}^{\infty}k^{-j}u_j\right)^s\right\}^{1/s}$$

$$\leqslant \sum_{j=0}^{\infty} k^{-j}(M(u_j^s)(x))^{1/s} \leqslant \sum_{j=0}^{\infty} k^{-j}u_{j+1}$$

$$= k\sum_{j=1}^{\infty} k^{-j}u_j \leqslant kV,$$

因此 $V^s\in A_1$.

第三步:设 $1 < p \leqslant 2$, $\omega\in A_p$ 则 $\omega = \omega_1\omega_2^{1-p}$, 其中 ω_1, $\omega_2\in A_1$.

令 V 如第二步,则

$$\omega = (V\omega)V^{-1} = (V\omega)(V^s)^{-1/s} = (V\omega)(V^s)^{-p/q}$$

$$= (V\omega)(V^s)^{1-p},$$

于是取 $\omega_1 = V\omega$, $\omega_2 = V^s$ 即可.

第四步:令 $1 < p < \infty$, $\omega\in A_p$ 则 $\omega = \omega_1\omega_2^{1-p}$, 其中 ω_1, $\omega_2\in A_1$.

这可由第三步以及 $\omega^{1-p}\in A_{p'}$, $\frac{1}{p}+\frac{1}{p'}=1$ 得到.

推论(6.2) $\omega\in A_2$ 的充分必要条件是 $\omega = \omega_1\omega_2^{-1}$,其中 ω_1, $\omega_2\in A_1$.

除了上述推论外,定理(6.1)在权函数理论中有许多重要应用(看[4]).

A_p-权函数理论在偏微分方程中有许多重要的应用,特别是反向 Hölder 不等式. 有兴趣的读者可看[5],[6],[7],[8].

第三章　BMO 函数空间

§1. BMO 函数空间的定义和基本性质

设 ω 满足 A_p 条件，即 $\omega(x)\geqslant 0$ 且存在常数 c，使得对一切方体 Q

$$(1.1)\quad \left(\frac{1}{|Q|}\int_Q \omega(x)dx\right)\left(\frac{1}{|Q|}\int_Q \omega(x)^{-\frac{1}{p-1}}dx\right)^{p-1}\leqslant c<\infty.$$

我们考虑 $\varphi(x)=\log\omega(x)$，并令 $\varphi_Q=\frac{1}{|Q|}\int_Q\varphi(x)dx$. 则对应于 (1.1) 式，可以等价地表示成如下形式

$$(1.2)\quad \left(\frac{1}{|Q|}\int_Q e^{\varphi-\varphi_Q}dx\right)\left(\frac{1}{|Q|}\int_Q e^{-\frac{\varphi-\varphi_Q}{p-1}}dx\right)^{p-1}\leqslant c<\infty.$$

由 Jensen 不等式，(1.2) 的左边每一个因子均不小于 1，于是它们均不能大于 c，即

$$(1.3)\quad \begin{cases}\sup\limits_Q \dfrac{1}{|Q|}\displaystyle\int_Q e^{\varphi(x)-\varphi_Q}dx<\infty,\\[2ex] \sup\limits_Q \dfrac{1}{|Q|}\displaystyle\int_Q e^{-\frac{\varphi-\varphi_Q}{p-1}}dx<\infty.\end{cases}$$

而 (1.3) 式又等价于

$$(1.4)\quad \sup_Q\frac{1}{|Q|}\int_Q|\varphi(x)-\varphi_Q|dx<\infty.$$

这样我们就得到下述定义：

定义 (1.5) 设 $f\in L^1_{\rm loc}(\mathbf{R}^n)$，令

$$\|f\|_*=\sup_{Q\subset\mathbf{R}^n}\left\{\frac{1}{|Q|}\int_Q|f(x)-f_Q|dx\right\},$$

其中 $f_Q=\frac{1}{|Q|}\int_Q f(x)dx$.

我们定义 BMO（即 "bounded mean oscillation"——有界平均振动）函数空间是所有 $\|f\|_* < \infty$ 的函数的全体，对于 $f \in \mathrm{BMO}(\mathbf{R}^n)$，定义 $\|f\|_*$ 是 f 的 BMO 次范数。显然，这样定义的范数是把所有相差为常数的函数全体看成是 BMO 中的一个函数。如果我们记 c 是所有常数函数全体，则 BMO 模去 c 后构成一个 Banach 空间，为简单起见，我们仍然记作 $\mathrm{BMO}(\mathbf{R}^n)$，只不过我们应该理解为，$\mathrm{BMO}(\mathbf{R}^n)$空间中的元素是在一个模去常数的等价类中。

实际上，$\mathrm{BMO}(\mathbf{R}^n)$ 早在 1960 年首先由 John 和 Nirenberg 在研究方程问题时引入的(看[9])。

第二章 §5 定理 (5.2) 给我们提供了 BMO 函数的实例：如果 $f \in L^1_{\mathrm{loc}}(\mathbf{R}^n)$ 且 $M(f)(x) \not\equiv \infty$，则 $\log M(f)(x) \in \mathrm{BMO}(\mathbf{R}^n)$，进一步，存在常数 c，使得

$$\|\log M(f)(x)\|_* \leqslant c.$$

显然，$L^\infty(\mathbf{R}^n) \subset \mathrm{BMO}(\mathbf{R}^n)$。进一步我们可以用例子说明 $L^\infty \subsetneqq \mathrm{BMO}$。例如用定义可以直接验证 $\log|x| \in \mathrm{BMO}(\mathbf{R}^n)$，但是显然 $\log|x| \notin L^\infty(\mathbf{R}^n)$。又如若 $d\mu$ 是 $\mathbf{R}^n$ 上的一个有限测度，则

$$\int_{\mathbf{R}^n} \log(x-y)\,d\mu \in \mathrm{BMO}(\mathbf{R}^n).$$

为了估计 $\|f\|_*$，我们注意到对任意 $\alpha \in \mathbf{C}$，

$$\frac{1}{|Q|}\int_Q |f-f_Q|\,dx \leqslant \frac{2}{|Q|}\int_Q |f-\alpha|\,dx.$$

因此我们可以引入

$$\|f\|'_* = \sup_Q \inf_{\alpha\in\mathbf{C}} \frac{1}{|Q|}\int_Q |f-\alpha|\,dx.$$

而 $\|f\|'_*$ 定义了 $\mathrm{BMO}(\mathbf{R}^n)$ 空间上的一个等价的次范数，因为显然有

$$\|f\|'_* \leqslant \sup_Q \frac{1}{|Q|}\int_Q |f-f_Q|\,dx = \|f\|_*.$$

对于 f 是实函数，Q 是任意一个方体，我们记 α_Q 是 $\frac{1}{|Q|}$·

$\int_Q |f-\alpha| dx$ 中的 α 的下确界，则 α_Q 应该满足下面的条件

$$|\{x \in Q: f > \alpha_Q\}| \leqslant \frac{1}{2}|Q|,$$

以及

$$|\{x \in Q: f < \alpha_Q\}| \leqslant \frac{1}{2}|Q|.$$

尽管这样定义的 α_Q 并不一定是唯一的.我们仍称 α_Q 是“好常数”.

我们以后会看到，$BMO(R^n)$ 是 $L^\infty(R^n)$ 一个很好的代替空间，特别地表现在 Calderón-Zygmund 算子有界性的研究中. 在 $L^\infty(R^n)$ 和 $BMO(R^n)$ 空间中，都可以得到很理想的关于函数大小的控制，但是它们都没有一个很好的稠密子集. 下面的引理说明，$BMO(R^n)$ 空间可以通过有界函数在 $L^1_{loc}(R^n)$ 的拓扑下逼近得到，这对于许多应用是完全充分的.

引理 (1.6) 设 $f \in BMO(R^n)$，对 $N \in N$，定义 $f_N: R^n \to C$ 是

$$f_N(x) = \begin{cases} f(x), & \text{如果 } |f(x)| \leqslant N, \\ N, & \text{如果 } |f(x)| > N, \end{cases}$$

则 $\|f_N\|'_* \leqslant c\|f\|'_*$.

其证明是显然的，因为对于所考虑的序列 $\{f_N\}$，下面的结论可以直接得到.

(1) $\|f_N\|_\infty \leqslant N$;

(2) $f_N \to f$ 在 $L^1_{loc}(R^n)$ 中;

(3) $|f_N - f|$ 单调趋于 0，当 $N \to \infty$ 时.

下面的结果是 BMO 函数的主要性质之一，它给出了 BMO 函数的一个局部大小控制.

定理 (1.7) (John-Nirenberg 不等式) 存在两个常数 λ, $c > 0$，使得对任意 $f \in BMO(R^n)$,

$$\sup_Q \frac{1}{|Q|}\int_Q \exp\left\{\frac{\lambda}{\|f\|_*}|f(x)-f_Q|\right\}dx \leqslant c < \infty. \tag{1.8}$$

证明：首先我们假设 f 是有界的. 则对任意 $\lambda > 0$，(1.8) 式

有意义.我们将证明定理与 f 的 L^∞ 范数无关,然后利用引理(1.6)就可以得到定理(1.7)对一般 BMO 函数的结论.

设 $A(\lambda)=\sup\limits_{Q\subset\mathbf{R}^n}\frac{1}{|Q|}\int_Q\exp\left\{\frac{\lambda}{\|f\|_*}|f(x)-f_Q|\right\}dx$. 因为 $f\in L^\infty(\mathbf{R}^n)$, 所以 $A(\lambda)<\infty$ 对一切 λ 成立. 对任意固定的方体 Q, 令 $E=\{x\in Q: M_d(f-f_Q)(x)>2\|f\|_*\}$, 其中 $M_d(f)$ 是 f 的二进 Hardy-Littlewood 极大函数. 因此, 对于 $x\in Q\backslash E$, 我们有 $|f(x)-f_Q|\leqslant 2\|f\|_*$, 同时

$$|E|\leqslant\frac{1}{2\|f\|_*}\int_Q|f(x)-f_Q|dx\leqslant\frac{1}{2}|Q|.$$

由 Whitney 分解定理, $E=\bigcup\limits_i Q_i$, Q_i 是由 Q 二进等分所得到的二进方体. 对于一切 $Q_i\subset\tilde{Q}_i$ 且 $|\tilde{Q}_i|=2^n|Q_i|$,

$$\frac{1}{|\tilde{Q}_i|}\int_{\tilde{Q}_i}|f(x)-f_Q|dx\leqslant 2\|f\|_*.$$

另外我们还有估计

$$\begin{aligned}|f_{Q_i}-f_{\tilde{Q}_i}|&\leqslant\frac{1}{|Q_i|}\int_{Q_i}|f-f_{\tilde{Q}_i}|\\&\leqslant\frac{2^n}{|\tilde{Q}_i|}\int_{\tilde{Q}_i}|f-f_{\tilde{Q}_i}|\leqslant 2^n\|f\|_*.\end{aligned}$$

所以我们得到

$$|f_{Q_i}-f_Q|\leqslant|f_{Q_i}-f_{\tilde{Q}_i}|+|f_{\tilde{Q}_i}-f_Q|\leqslant(2^n+2)\|f\|_*.$$

因此对于每一个 $\lambda>0$, 有

$$\begin{aligned}&\frac{1}{|Q|}\int_Q\exp\left\{\frac{\lambda}{\|f\|_*}|f(x)-f_Q|\right\}dx\\&=\frac{1}{|Q|}\left\{\int_{Q\backslash E}\exp\left\{\frac{\lambda}{\|f\|_*}|f(x)-f_Q|\right\}dx\right.\\&\qquad\left.+\sum_i\int_{Q_i}\exp\left\{\frac{\lambda}{\|f\|_*}|f(x)-f_Q|\right\}dx\right\}\leqslant e^{2\lambda}\\&\qquad+\frac{1}{|Q|}\sum_i|Q_i|\left\{\frac{1}{|Q_i|}\int_{Q_i}\exp\left\{\frac{\lambda}{\|f\|_*}|f(x)\right.\right.\end{aligned}$$

$$-f_{Q_i}|\Big\}\exp\Big\{\frac{\lambda}{\|f\|_*}|f_{Q_i}-f_Q|\Big\}dx\Big\}$$

$$\leqslant e^{2\lambda}+e^{\lambda(2+2^n)}A(\lambda)\frac{1}{|Q|}\sum_i|Q_i|$$

$$\leqslant e^{2\lambda}+\frac{1}{2}e^{\lambda(2+2^n)}A(\lambda).$$

取 $\lambda<1/4+2^{n+1}$，则

$$A(\lambda)\leqslant e^{(2+2^n)^{-1}}\Big(1-\frac{\sqrt{e}}{2}\Big)^{-1}<\infty.$$

推论 (1.9) (John-Nirenberg 不等式) 若 $f\in \mathrm{BMO}(\mathbf{R}^n)$，则存在两个常数 $c>0$ 和 $\lambda>0$，使得对一切 $t>0$,

$$|\{x\in Q:|f(x)-f_Q|>t\|f\|_*\}|\leqslant ce^{-\lambda t}.$$

这是因为

$$|\{x\in Q:|f(x)-f_Q|>t\|f\|_*\}|$$

$$=\Big|\Big\{x\in Q:\ \exp\frac{\lambda}{\|f\|_*}|f(x)-f_Q|>e^{\lambda t}\Big\}\Big|\leqslant ce^{-\lambda t}.$$

推论 (1.10) 对于 $1\leqslant p<\infty$,

$$\|f\|_*\sim\sup_{Q\subset\mathbf{R}^n}\Big\{\frac{1}{|Q|}\int_Q|f(x)-f_Q|^pdx\Big\}^{1/p}.$$

由 Hölder 不等式可以得到

$$\|f\|_*\leqslant\sup_{Q\subset\mathbf{R}^n}\Big\{\frac{1}{|Q|}\int_Q|f(x)-f_Q|^pdx\Big\}^{1/p}$$

反之,对任意方体 Q,

$$\int_Q|f(x)-f_Q|^pQx=p\int_0^\infty\alpha^{p-1}|\{x\in Q:|f(x)-f_Q|$$

$$>\alpha\}|d\alpha\leqslant cp\int_0^\infty\alpha^{p-1}e^{-\lambda\frac{\alpha}{\|f\|_*}}|Q|d\alpha\leqslant c|Q|\|f\|_*^p.$$

这就证明了 $\frac{1}{|Q|}\int_Q|f(x)-f_Q|^pdx\leqslant c\|f\|_*^p$,即得推论。

我们现在考虑 $Q_0\subset\mathbf{R}^n$ 是一个固定方体,如果 $f\in L^1(Q_0)$ 且

$$\|f\|_{*,Q_0}=\sup_{Q\subset\mathbf{R}^n}\frac{1}{|Q\cap Q_0|}\int_{Q\cap Q_0}|f(x)-f_{Q\cap Q_0}|dx<\infty,$$

定义 $f\in \mathrm{BMO}(Q_0)$，其中 $f_{Q\cap Q_0}=\frac{1}{|Q\cap Q_0|}\int_{Q\cap Q_0}f(y)dy$.

显然，我们也可以如下定义 $\mathrm{BMO}(Q_0)$，如果 $f\in L^1(Q_0)$ 且

$$\|f\|_{*,Q_0}=\sup_{Q\subset Q_0}\frac{1}{|Q|}\int_Q|f(x)-f_Q|dx<\infty.$$

对于这种局部 BMO，我们证明下面 John-Nirenberg 型不等式。

定理 (1.11) 设 $f\in \mathrm{BMO}(Q_0)$，则存在两个常数 $c_1>0$ 和 $c_2>0$，使得对所有 $Q\subset Q_0$，有

$$|\{x\in Q:|f(x)-f_Q|>t\}|\leqslant c_1\exp\left\{-\frac{c_2}{\|f\|_{*,Q_0}}t\right\}|Q|.$$

证明：不妨设 $\|f\|_{*,Q_0}=1$ 且仅对 $Q=Q_0$ 来证明. 令

$$A(t)=\sup_{Q<Q_0}\frac{1}{|Q|}|\{x\in Q:|f(x)-f_Q|>t\}|,$$

显然，$A(t)$ 是 t 的减函数且 $A(t)\leqslant 1$ 对所有 $t>0$ 成立. 对每一个 $\alpha>1$，对 f 在 Q_0 上以 α 为水平作 Calaerón-Zygmund 分解，得到互不相交的方体序列 $\{Q_j\}$ 和集合 E，使得

(1) $Q_0=\bigcup_j Q_j\cup E$;

(2) $|f(x)-f_Q|\leqslant\alpha$ 对几乎处处 $x\in E$;

(3) $\alpha<\frac{1}{|Q_j|}\int_{Q_j}|f(x)-f_{Q_j}|dx\leqslant 2^n\alpha$.

由此得到

$$|f_{Q_j}-f_{Q_0}|\leqslant 2^n\alpha,$$

以及

$$\sum_j|Q_j|<\frac{1}{\alpha}|Q_0|.$$

对于 $t=2\cdot 2^n\alpha$，不妨设在此时，$A(2\cdot 2^n\alpha)$ 取到极大值，则

$$A(2\cdot 2^n\alpha)=\frac{1}{|Q_0|}|\{x\in Q_0:|f(x)-f_{Q_0}|>2\cdot 2^n\alpha\}|$$

$$=\frac{1}{|Q_0|}\left|\bigcup_j\{x\in Q_j:|f(x)-f_{Q_0}|>2\cdot 2^n\alpha\}\right|$$

$$\leqslant \frac{1}{|Q_0|}\sum_i |\{x\in Q_i:|f(x)-f_{Q_j}|>2\cdot 2^n\alpha-2^n\alpha\}|$$

$$\leqslant \frac{1}{|Q_0|}\sum_i |Q_j|\cdot\frac{1}{|Q_j|}|\{x\in Q_j:|f(x)-f_{Q_j}|>2^n\alpha\}|$$

$$\leqslant \frac{1}{|Q_0|}\cdot\frac{1}{\alpha}|Q_0|\cdot A(2^n\alpha)=\frac{1}{\alpha}A(2^n\alpha).$$

这样利用 $A(t)\leqslant 1$ 对所有 $t>0$ 成立以及

$$A(2\cdot 2^n\alpha)\leqslant\frac{1}{\alpha}A(2^n\alpha),\ \text{对所有}\ \alpha>1\ \text{成立},$$

可以推出存在绝对常数 $c_1,c_2>0$，使得

$$A(t)\leqslant c_1e^{-c_2t}.$$

§2. Fefferman 和 Stein 的#函数

Fefferman 和 Stein 引入的#函数是证明算子 L^p 有界性以及在 L^p 与 BMO 之间引进内插的重要工具. #函数的定义如下:

定义 (2.1) 设 $f\in L^1_{\mathrm{loc}}(\mathbf{R}^n)$，我们定义

$$f^{\#}(x)=\sup_{x\in Q\subset\mathbf{R}^n}\frac{1}{|Q|}\int_Q|f(y)-f_Q|dy.$$

显然，$f\in \mathrm{BMO}(\mathbf{R}^n)$ 的充分必要条件是 $f^{\#}\in L^\infty(\mathbf{R}^n)$，进一步还有，$f^{\#}(x)\leqslant 2M(f)(x)$.

#函数的基本性质由下面的定理刻划.

定理 (2.2) 设 $\omega\in A_\infty, 1<p<\infty, f\in L^1_{\mathrm{loc}}(\mathbf{R}^n)$. 如果$\inf(1, M(f)(x))\in L^p(\omega dx)$，则

$$\int_{\mathbf{R}^n}(M_df)^p(x)\omega(x)dx\leqslant c_p\int_{\mathbf{R}^n}(f_d^{\#})^p\omega(x)dx, \tag{2.3}$$

其中 $f_d^{\#}$ 是对二进方体而取的,即

$$f_d^{\#}(x)=\sup_{\substack{x\in Q\subset\mathbf{R}^n\\ Q\text{是二进方体}}}\frac{1}{|Q|}\int_Q|f(y)-f_Q|dy.$$

实际上，(2.3) 对非二进情形也是成立的，我们主要想得到

$$\int_{\mathbf{R}^n} |f(x)|^p \omega(x) dx \leqslant c_p \int_{\mathbf{R}^n} (f^{\#}(x))^p \omega(x) dx,$$

对一切 $\omega \in A_p$ 成立。

这可以由定理 (2.2)，$|f(x)| \leqslant M_d(f)(x)$ 对几乎处处 $x \in \mathbf{R}^n$ 成立以及 $f_d^{\#}(x) \leqslant f^{\#}(x)$ 直接得到。

定理 (2.2) 的证明给出一个运用"好 λ 不等式"证明加权不等式的范例。为此，我们先证明下面所谓的"好 λ 不等式"引理。

引理 (2.4) 设 μ 是 $\mathbf{R}^n$ 上任意一个 Radon 测度 u, v 是两个非负函数且 $u, v \in L^p(\mathbf{R}^n)$. 如果对于某个 $\varepsilon < 2^{-p}$ 和 $r > 0$,

$\mu(\{x \in \mathbf{R}^n: v(x) > 2\lambda,\ u(x) \leqslant r\lambda\}) \leqslant \varepsilon\mu(\{x \in \mathbf{R}^n:\ v(x) > \lambda\})$ 对一切 $\lambda > 0$ 成立，则 $\|v\|_p \leqslant c_p \|u\|_p$.

证明：因为

$$\begin{aligned}
\int_{\mathbf{R}^n} v^p dx &= p \cdot 2^p \int_0^\infty \alpha^{p-1} \mu(\{x \in \mathbf{R}^n : v(x) > 2\alpha\}) d\alpha \\
&\leqslant 2^p p \int_0^\infty \alpha^{p-1} \mu(\{x \in \mathbf{R}^n : v(x) > 2\alpha, u(x) \leqslant r\alpha\}) d\alpha \\
&\quad + 2^p p \int_0^\infty \alpha^{p-1} \mu(\{x \in \mathbf{R}^n : u(x) > r\alpha\}) d\alpha \\
&\leqslant 2^p \cdot p\varepsilon \int_0^\infty \alpha^{p-1} \mu(\{x \in \mathbf{R}^n : v(x) > \alpha\}) d\alpha \\
&\quad + 2^p r^{-p} \|u\|_p^p = 2^p \varepsilon \|v\|_p^p + 2^p r^{-p} \|u\|_p^p,
\end{aligned}$$

所以

$$(1 - 2^p\varepsilon)^{1/p} \|v\|_p \leqslant \frac{2}{r} \|u\|_p,$$

即得
$$\|v\|_p \leqslant \frac{2}{r} (1 - 2^p \varepsilon)^{-1/p} \|u\|_p.$$

需要指出的是条件 $\|v\|_p < \infty$ 是不可省略的。 例如可以取 $u \equiv 0, v(x) = |x|^{-\frac{1}{N}}$, 只要 N 充分大就有 $2^{-Nn} < 2^{-p}$. 令 $\varepsilon = 2^{-Nn}$ 则 u, v 满足引理 (2.4)，但显然结论并不成立。

现在证明定理 (2.2)。我们要证明对于 $\omega \in A_\infty$，存在常数 $c_p > 0$，使得

(1) $\omega(\{x\in \mathbf{R}^n: M_d(f)(x) > 2\lambda, f_d^{\#}(x)\leqslant r\lambda\})$

$\leqslant c_p\omega(\{x\in \mathbf{R}^n: M_d(f)(x) > \lambda\})$,

其中 $2^p c_p < 1$.

实际上,我们可以证明

(2) $|\{x\in \mathbf{R}^n: M_d(f)(x) > 2\lambda, f_d^{\#}(x)\leqslant r\lambda\}|$

$\leqslant 2^n r|\{x\in \mathbf{R}^n: M_d(f)(x) > \lambda\}|$

对所有 $r > 0$ 成立.

因为我们只要将集合 $\{x\in \mathbf{R}^n: M_d(f)(x) > \lambda\}$ 分解成极大相互不交的二进方体,再由 A_∞ 的性质,对于充分小的 r,(1) 可以由(2)得到.

令 $\Omega_\lambda = \{x\in \mathbf{R}^n: M_d(f)(x) > \lambda\}, f\in L^p(\omega dx)$,则由 $\omega\in A_\infty$ 我们得到 $\omega(\widetilde{Q})\geqslant c\omega(Q)$ 对任何二进方体 Q 成立,其中 $\widetilde{Q} = 2Q$, $c > 1$. 这些事实说明 Ω_λ 不可能包含无限增加的二进方体序列,因此,我们可以考虑将 Ω_λ 分解成极大的二进方体.

显然,只需要对每一个极大的二进方体 Q 和任何 $\lambda > 0$ 证明下面的不等式就够了.

(2′) $|\{x\in Q: M_d(f)(x) > 2r, f_d^{\#}(x)\leqslant r\lambda\}|\leqslant 2^n r|Q|$.

因为 Q 是极大二进方体,所以对 $Q\subset Q'$ 我们有

$$\frac{1}{|Q'|}\int_{Q'}|f(x)|\,dx\leqslant\lambda.$$

于是对 $x\in Q, M_d(f)(x) > 2\lambda$ 就推出 $M_d(f\chi_Q)(x) > 2\lambda$. 又因为 $Q\subset\widetilde{Q}$, $\frac{1}{|\widetilde{Q}|}\int_{\widetilde{Q}}|f(x)|\,dx\leqslant\lambda$. 所以当 $x\in Q$ 且 $M_d(f)(x) > 2\lambda$ 时, $M_d((f-f_{\widetilde{Q}})\chi_Q)(x) > \lambda$, 再由极大函数弱 (1.1) 型结果我们得到

$$|\{x\in Q: (M_d(f-f_{\widetilde{Q}})\chi_Q)(x) > \lambda\}|$$

$$\leqslant\frac{1}{\lambda}\int_Q|f-f_{\widetilde{Q}}|\,dx\leqslant\frac{2^n|Q|}{\lambda}\cdot\frac{1}{|\widetilde{Q}|}\int_{\widetilde{Q}}|f(x)-f_{\widetilde{Q}}|\,dx\leqslant\frac{2^n|Q|}{\lambda}\inf_{x\in Q}f_d^{\#}(x).$$

这就证明了

$$|\{x\in Q:(M_d(f-f_{\tilde{Q}})\chi_Q)(x)>\lambda,\ f_d^{\#}(x)\leqslant r\lambda\}|\leqslant 2^n r|Q|.$$

为了去掉 $f\in L^p(\mathbf{R}^n)\omega dx$ 的假设，考虑

$$f_n=\begin{cases}f(x), & \text{如果 } |f(x)|\leqslant n,\\ n\operatorname{sgn}f(x), & \text{如果 } |f(x)|>n,\end{cases}$$

则 $f_n\in L^p(\omega dx)$. 对 f_n，可以得到加权不等式，再令 $n\to\infty$ 就完成了证明.

利用定理 (2.2)，我们证明下面一个关于算子内插的结果.

定理 (2.5) 设 T 是一个线性算子，

$T:L^p(Q)\to L^p(Q_0)$，p 是某一个大于 1 的数；

$T:L^\infty(Q)\to \mathrm{BMO}(Q_0)$，

则对任意满足 $p<q<\infty$ 的 q，T 是 $L^q(Q)\to L^q(Q_0)$ 的有界算子.

证明：因为对 $p>1$，$f\in L^p(\mathbf{R}^n)$ 的充分必要条件是 $f^{\#}\in L^p(\mathbf{R}^n)$，且 $\|f\|_p\leqslant c_p\|f^{\#}\|_p$. 如果定义

$$f_{Q_0}^{\#}(x)=\sup_{x\in Q\subset Q_0}\frac{1}{|Q|}\int_Q|f(y)-f_Q|dy,$$

则对 $p>1$，$f\in L^p(Q_0)$ 的充分必要条件是 $f_{Q_0}^{\#}\in L^p(Q_0)$. 因此，在定理 (2.5) 的条件下，映射 $f\to(Tf)_{Q_0}^{\#}$ 是强 (p,p) 型和 (∞,∞) 型，从而由我们在第一章中介绍过的算子内插定理得到 $f\to(Tf)_{Q_0}^{\#}$ 是强 (q,q) 型 $(p<q<\infty)$，由此得到 $f\to Tf$ 是强 (q,q) 型 $(p<q<\infty)$.

§3. BMO 函数和 A_p-权函数的关系

我们已经看到，如果 $\omega\in A_p$，则 $\varphi=\log\omega\in \mathrm{BMO}(\mathbf{R}^n)$. 一般说来，$\varphi\in\mathrm{BMO}(\mathbf{R}^n)$ 并不能保证 $e^\varphi\in A_p$. 但是我们有下面的结果.

定理 (3.1) 设 $b\in\mathrm{BMO}(\mathbf{R}^n)$，则存在 $\varepsilon>0$，使得 $e^{\varepsilon b}\in A_2$.

证明：因为存在 $\varepsilon>0$ 使得

$$e^{-\varepsilon b_Q}\frac{1}{|Q|}\int_Q e^{\varepsilon b}dx=\frac{1}{|Q|}\int_Q e^{\varepsilon(b-b_Q)}dx\leqslant c$$

以及

$$e^{\varepsilon b_Q}\frac{1}{|Q|}\int_Q e^{-\varepsilon b}dx=\frac{1}{|Q|}\int_Q e^{-\varepsilon(b-b_Q)}dx\leqslant c.$$

所以

$$\left(\frac{1}{|Q|}\int_Q e^{\varepsilon b}dx\right)\left(\frac{1}{|Q|}\int_Q e^{-\varepsilon b}dx\right)$$

$$=\left(\frac{1}{|Q|}\int_Q e^{\varepsilon(b-b_Q)}dx\right)\left(\frac{1}{|Q|}\int_Q e^{-\varepsilon(b-b_Q)}dx\right)\leqslant C.$$

这就证明了 $e^{\varepsilon b}\in A_2$.

对应于 A_p-权函数的结果是:

定理(3.2) 设 $1<p<\infty$, 定义

$$\mathscr{U}_p=\{b\in \mathrm{BMO}; e^b\in A_p\},$$

则 $\mathscr{U}_p$ 是 BMO 的一个开子集.

证明: 设 $\omega\in A_p$, 则 $\omega^{-\frac{1}{p-1}}\in A_{p'}$. 对 ω 和 $\omega^{-\frac{1}{p-1}}$ 应用反向 Hölder 不等式可以证明 $\omega^{1+\varepsilon}\in A_p$, 其中 $\varepsilon>0$.

我们只须证明当 $\|b\|_*$ 充分小时, $\omega e^b\in A_p$. 由 Hölder 不等式我们有

$$\left\{\frac{1}{|Q|}\int_Q \omega e^b dx\right\}\left\{\frac{1}{|Q|}\int_Q (\omega e^b)^{-\frac{1}{p-1}}dx\right\}^{p-1}$$

$$\leqslant\left\{\frac{1}{|Q|}\int_Q \omega^{1+\varepsilon}dx\right\}^{\frac{1}{1+\varepsilon}}\left\{\frac{1}{|Q|}\int_Q (\omega^{1+\varepsilon})^{-\frac{1}{p-1}}\right\}^{\frac{p-1}{1+\varepsilon}}$$

$$\left\{\frac{1}{|Q|}\int_Q e^{\frac{1+\varepsilon}{\varepsilon}b}\,dx\right\}^{\frac{\varepsilon}{1+\varepsilon}}\left\{\frac{1}{|Q|}\int_Q e^{-\frac{1}{p-1}\cdot\frac{1+\varepsilon}{\varepsilon}b}\,dx\right\}^{\frac{\varepsilon(p-1)}{1+\varepsilon}}.$$

上式右端前两个因子由 $\omega^{1+\varepsilon}\in A_p$ 控制. 如果我们乘以 $e^{-b_Q}e^{b_Q}$ 并对 $\|b\|_*$ 充分小应用 John-Nirenberg 不等式, 则可以得到后两个因子的控制.

最后我们讨论 A_1-权函数与 BMO 函数的关系. 我们需要下面的定义.

定义 (3.3) 设 $f\in L^1_{loc}(\mathbf{R}^n)$，如果

$$\|f\|_{BLO}=\sup_{Q\subset\mathbf{R}^n}\sup_{x\in Q}(f_Q-f(x))<\infty,$$

我们就称 $f\in BLO(\mathbf{R}^n)$.

因为 $\|\varphi\|_*\leqslant 2\|\varphi\|_{BLO}$，所以 $BLO\subset BMO$. 值得指出的是 BLO 不是一个向量空间.

下面的结果给出了 A_1-权函数与 BLO 之间的关系以及 BMO 与 L^∞ 之间的距离. 由于证明较复杂，我们略去证明，有兴趣的读者可看 [4]，[10]，[11].

定理 (3.4) (1) 如果 $\omega\in A_1$，则 $\log\omega\in BLO$;

(2) 如果 $\varphi\in BLO$，则存在充分小的 $A>0$ 使得

$$e^{A\varphi}\in A_1;$$

(3) 如果 $\omega\in A_2$，且 $\log\omega\in BLO$，则 $\omega\in A_1$.

定义 (3.5) 我们定义

$$\varepsilon(\varphi)=\inf\{\varepsilon:|\{x\in Q:|\varphi-\varphi_Q|>\lambda\}|\leqslant|Q|e^{-\frac{\lambda}{\varepsilon}},$$

$$\text{对所有 } Q\subset\mathbf{R}^n \text{ 和 } \lambda>0\},$$

$$A(\varphi)=\sup\{A:e^{A\varphi}\in A_2\},$$

$$P(\varphi)=\inf\{p>1,e^{\varphi}\text{ 和 }e^{-\varphi}\in A_p\}.$$

$\varepsilon(\varphi)$，$A(\varphi)$ 和 $P(\varphi)$ 有如下关系:

定理 (3.6) 设 $\varphi\in BMO(\mathbf{R}^n)$，则

(1) $\varepsilon(\varphi)=A^{-1}(\varphi)\sim\inf\limits_{g\in L^\infty}\|\varphi-g\|_*$.

(2) 如果 $P(\varphi)<\infty$，则 $P(\varphi)=1+\varepsilon(\varphi)$.

§4. BMO 和 Carleson 测度

Carleson 测度最初是研究下述问题由 Carleson 首先提出的.

问题: 对于怎样的 $\mathbf{R}^{n+1}_+$ 上的正测度 μ,

$$\iint_{\mathbf{R}^{n+1}_+}|P_y*f(x)|^2d\mu(x,y)\leqslant c(\mu)\|f\|_2^2 \tag{4.1}$$

对所有 $f\in L^2(\mathbf{R}^n)$ 成立，其中 P_y*f 是 f 的 Poisson 积分.

为了得到关于 μ 的必要条件，我们考虑 $f=\chi_Q$，即方体 $Q\subset\mathbb{R}^n$ 的特征函数，则对于 $(x,y)\in\{(x,y)\in\mathbb{R}_+^{n+1}x:\in\frac{1}{2}Q,0<y<l\cdot(Q)\}$，其中 $l(Q)$ 是 Q 的边长，总有 $P_y*f(x)\geq c>0$. 令

$$\widetilde{Q}=\{(\xi,\eta)\in\mathbb{R}_+^{n+1}:\xi\in Q,0<\eta<l(Q)\}$$

则

$$\mu(\widetilde{Q})\leqslant c|Q|, \tag{4.2}$$

对所有方体 $Q\subset\mathbb{R}^n$ 成立是 μ 所应满足的必要条件. 由此得到下面的定义.

定义 (4.3) 我们称 $\mathbb{R}_+^{n+1}$ 上的正测度 μ 是一个 Carleson 测度，如果 μ 满足 (4.2) 式，而 $\inf\{c:\mu(\widetilde{Q})\leqslant c|Q|$，对所有 $Q\subset\mathbb{R}^n\}$ 称作是 μ 的 Carleson 测度的范数.

下面我们要证明 Carleson 测度对于 (4.1) 也是充分的，即:

定理 (4.4) 如果 μ 是一个 Carleson 测度，则

$$\iint_{\mathbb{R}_+^{n+1}}|P_y*f(x)|^p d\mu(x,y)\leqslant c(p,\mu,n)\|f\|_p^p,$$

对 $1<p\leqslant\infty$ 成立.

为证明定理 (4.4)，我们先证明下面的引理.

引理 (4.5) 设 u 是 $\mathbb{R}_+^{n+1}$ 上的连续函数，

$$u^*(x)=\sup\{|u(\xi,\eta)|:|x-\xi|<\eta\},x\in\mathbb{R}^n.$$

设 μ 是 $\mathbb{R}_+^{n+1}$ 上一个 Carleson 测度，则

$\mu(\{(x,y)\in\mathbb{R}_+^{n+1}:|u(x,y)|>\lambda\})\leqslant c(\mu)|\{x\in\mathbb{R}^n:u^*(x)>\lambda\}|$. 对所有 $\lambda>0$ 成立.

证明：引理是下述几何事实的直接结果：对于可数覆盖 $\{Q_i\}$，有一个子覆盖 $\{Q_j'\}$ 使得 $\bigcup_i Q_i=\bigcup_j Q_j'$，且对于每一个 $x\in\bigcup_j\cdot Q_j'$，x 至多属于 2^n 个 Q_j'. 对 $\lambda>0$，令

$$E_\lambda=\{(x,y)\in\mathbb{R}_+^{n+1}:|u(x,y)|>\lambda\}.$$

对于 $(x,y)\in E_\lambda$，定义

$$\widetilde{Q}(x,y)=\{(\xi,\eta)\in\mathbb{R}_+^{n+1}:\|\xi-x\|<y,0<\eta<y\},$$

$$Q(x,y)=\{\xi\in\mathbf{R}^n:\|\xi-x\|<g\},$$

其中 $\|x\|=\max_{1\leqslant i\leqslant n}|x_i|$.则显然有 $u^*(\xi)>\lambda$ 对所有 $\xi\in Q(x,y)$.

因此,

$$\begin{aligned}\mu(E_\lambda)&\leqslant\mu(\cup\widetilde{Q}(x,y))=\mu(\cup\widetilde{Q}'(x,y))\\&\leqslant\sum\mu(\widetilde{Q}'(x,y))\leqslant c\sum|Q'(x,y)|\\&\leqslant 2^nc|\{x\in\mathbf{R}^n:u^*(x)>\lambda\}|.\end{aligned}$$

我们现在证明定理(4.4):把 $P_y(x)$ 记作Poisson核,如果 $|\bar{x}-x|<y$, 则

$$P_y(\bar{x}-t)\leqslant cP_y(x-t)\ \text{对所有}\ t\in\mathbf{R}^n\ \text{成立},$$

其中 c 不依赖于 $x,\bar{x}$ 和 y.

我们知道: $|P_y*f(x)|\leqslant cM(f)(x)$. 所以

$$(P_y(f))^*(x)\leqslant cM(f)(x).$$

由引理(4.5),

$$\begin{aligned}\iint_{\mathbf{R}_+^{n+1}}|P_y(f)|^pd\mu&\leqslant c\int_{\mathbf{R}^n}((P_yf)^*(x))^pdx\\&\leqslant c\int_{\mathbf{R}^n}M(f)^p(x)dx\leqslant c\|f\|_p^p.\end{aligned}$$

这样就证明了定理(4.4).

应该指出的是,定理(4.4)对所有 φ_y*f 都成立,其中 $\varphi\in\mathscr{S}(\mathbf{R}^n)$.

现在我们引入一类算子 P_t 和 Q_t,分别称作为逼近恒等算子和逼近零算子. 令 $\varphi,\psi\in c_0^\infty(\mathbf{R}^n)$,即具有紧支集的光滑函数(或者 $\mathscr{S}(\mathbf{R}^n)$)且

$$\int_{\mathbf{R}^n}\varphi(x)dx=1,\quad \int_{\mathbf{R}^n}\psi(x)dx=0.$$

定义

$$\widehat{P_t(f)}(\xi)=\hat{\varphi}(t\xi)\hat{f}(\xi),\ \widehat{Q_t(f)}(\xi)=\hat{\psi}(t\xi)\hat{f}(\xi),$$

其中 f 是 $\mathbf{R}^n$ 上很好的函数.

我们可以直接得到:

引理(4.6) 如果 $f\in L^2(\mathbf{R}^n)$, 则

$$\int_0^\infty \|Q_t f\|_2^2 \frac{dt}{t} \leqslant c(\phi)\|f\|_2^2.$$

这只需要应用 Plancherel 公式并注意到

$$\int_0^\infty |\hat{\phi}(t\xi)|^2 \frac{dt}{t} \leqslant c(\phi).$$

定理 (4.7) 如果 $f \in \mathrm{BMO}(\mathbf{R}^n)$，则

$$d\mu(x,y) = |Q_y(f)(x)|^2 \frac{dxdy}{y}$$

是 $\mathbf{R}_+^{n+1}$ 上的一个 Carleson 测度，其范数不超过 $c(\phi)\|f\|_*^2$.

为证明定理 (4.7)，我们需要下面的引理：

引理 (4.8) 设 $f \in \mathrm{BMO}(\mathbf{R}^n)$，$Q_0$ 是中心为原点的单位方体，则

$$\int_{\mathbf{R}^n} \frac{|f(x) - f_{Q_0}|}{1 + |x|^{n+1}} dx \leqslant c\|f\|_*.$$

其中 c 仅依赖于维数 n.

证明：对于 $a > 0$，aQ 记作与 Q 同心，边长扩大 a 倍的方体。对任意方体 $Q \subset \mathbf{R}^n$，

$$|f_Q - f_{2Q}| \leqslant \frac{1}{|Q|} \int_Q |f(x) - f_{2Q}| dx$$

$$\leqslant \frac{2^n}{|2Q|} \int_{2Q} |f(x) - f_{2Q}| dx \leqslant 2^n \|f\|_*.$$

令 $Q_j = 2^j Q_0 (j \in N)$，$\|f\|_* = 1$，则我们有

$$|f_{Q_{j+1}} - f_{Q_j}| \leqslant 2^n.$$

这就推出

$$|f_{Q_{j+1}} - f_{Q_0}| \leqslant (j+1)2^n.$$

因此，

$$\int_{\mathbf{R}^n} \frac{|f(x) - f_{Q_0}|}{1 + |x|^{n+1}} dx = \sum_{j=0}^\infty \int_{Q_{j+1} \setminus Q_j} \frac{|f(x) - f_{Q_0}|}{1 + |x|^{n+1}} dx$$

$$+\int_{Q_0}\frac{|f(x)-f_{Q_0}|}{1+|x|^{n+1}}dx\leqslant\sum_{j=0}^{\infty}\left\{\int_{Q_{j+1}}\frac{|f(x)-f_{Q_{j+1}}|}{2^{j(n+1)}}dx\right.$$

$$\left.+\int_{Q_{j+1}}\frac{|f_{Q_{j+1}}-f_{Q_0}|}{2^{j(n+1)}}dx\right\}+1\leqslant\sum_{j=0}^{\infty}(2^{n-j}$$

$$+(j+1)2^{n-j})+1=c.$$

现在证明定理 (4.7)：我们只需证明对单位方体 $Q_0\subset\mathbb{R}^n$,

$$\iint\limits_{\tilde{Q}_0}|Q_y(f)(x)|^2\frac{dxdy}{y}\leqslant c(\psi)\|f\|_*^2|Q_0|=c(\psi)\|f\|_*^2.$$

为此令 $f_1=f\chi_{2Q_0}$，$f_2=f-f_1$，同时不妨设 $f_{2Q_0}=0$。于是 $Q_y(f)(x)=Q_y(f_1)(x)+Q_y(f_2)(x)$。因此

$$\iint\limits_{\tilde{Q}_0}|Q_y(f_1)(x)|^2\frac{dxdy}{y}\leqslant\iint\limits_{\mathbb{R}_+^{n+1}}|Q_y(f_1)(x)|^2\frac{dxdy}{y}$$

$$\leqslant c(\psi)\|f_1\|_2^2=c(\psi)\int_{2Q_0}|f(x)|^2dx=c(\psi)\int_{2Q_0}|f(x)$$

$$-f_{2Q_0}|^2dx\leqslant c(\psi)\|f\|_*^2|2Q_0|\leqslant c(\psi)\|f\|_*^2.$$

另外，对于 $(x,y)\in\tilde{Q}_0$，我们有

$$|Q_y(f_2)(x)|\leqslant\int_{\mathbb{R}^n\setminus 2Q_0}\frac{1}{y^n}\left|\psi\left(\frac{x-z}{y}\right)\right||f_2(z)|dz$$

$$\leqslant c(\psi)\int_{\mathbb{R}^n\setminus 2Q_0}\frac{y}{y^{n+1}+|x-z|^{n+1}}|f_2(z)|dz$$

$$\leqslant c(\psi)y\int_{\mathbb{R}^n}\frac{|f(z)|}{1+|z|^{n+1}}dz$$

$$=c(\psi)y\int_{\mathbb{R}^n}\frac{|f(z)-f_{2Q_0}|}{1+|z|^{n+1}}dz$$

$$\leqslant c(\psi)y\cdot\|f\|_*.$$

这样就得到

$$\iint_{\tilde{Q}_0} |Q_y(f_2)(x)|^2 \frac{dxdy}{y} \leqslant c(\psi)\|f\|_*^2 \iint_{\tilde{Q}_0} y\,dxdy$$

$$\leqslant c(\psi)\|f\|_*^2.$$

定理 (4.7) 由上面的估计而获证。

第四章 H^p 空间

§1. 单位圆内经典的 H^p 空间

定义 (1.1) 设 $p>0$, $F(z)$ 是单位圆内 $|z|<1$ 的解析函数,我们称 $F\in H^p(D)$, 如果

$$\mu_p(r,F)=\frac{1}{2\pi}\int_0^{2\pi}|F(re^{i\theta})|^p d\theta\leqslant c<\infty$$

对一切 $0\leqslant r<1$ 成立. 定义

$$\|F\|_{H^p}=\sup_{0\leqslant r<1}\frac{1}{2\pi}\int_0^{2\pi}|F(re^{i\theta})|^p d\theta.$$

我们讨论 $H^p(D)$ 空间的一些基本性质:

定理 (1.2) (M.Riesz 定理) 如果 $1<p<\infty, f\in L^p[0,2\pi]$, 则 $\tilde{f}\in L^p[0,2\pi]$ 且存在仅与 p 有关的常数 A_p, 使得

$$\|\tilde{f}\|_p\leqslant A_p\|f\|_p,$$

其中 $\tilde{f}$ 是 f 的共轭函数,即

$$\tilde{f}(\theta)=\lim_{\varepsilon\to 0+}\int_\varepsilon^\pi\frac{f(\theta-t)}{2\operatorname{tg}\frac{t}{2}}dt.$$

证明: 令 $u(z)=p_r*f(e^{i\theta})$, $v(z)=\theta_r*f(e^{i\theta})$,其中 p_r 和 θ_r 分别是单位圆内的 Poisson 核和共轭 Poisson 核. 我们只需要证明对一切 $0\leqslant r<1$, 有

$$\|v(re^{i\theta})\|_p\leqslant A_p\|u(re^{i\theta})\|_p.$$

首先证明,对于 $|\varphi|\leqslant\frac{1}{2}\pi$,

$$|\sin\varphi|^p\leqslant\alpha\cos p\varphi+\beta\cos^p\varphi, \tag{1.3}$$

其中 $p>0$ 不是奇整数, α,β 是仅依赖于 p 的常数.

不妨设 $\varphi \geqslant 0$，因为 $\cos\frac{1}{2}p\pi \neq 0$，我们可以选取合适的 α 使得 $\alpha\cos p\varphi \geqslant 1$ 在 $\varphi = \frac{1}{2}\pi$ 的一个邻域内成立.此时我们只要取 $\beta > 0$ 就可以得到 (1.3). 否则，对于固定的 α，我们可以取 β 充分大使得 $\beta\cos^p\varphi \geqslant |\alpha| + 1$，从而得到 $\alpha\cos p\varphi + \beta\cos^p\varphi \geqslant 1 \geqslant |\sin\varphi|^p$.

现设 $f \geqslant 0$ 且 $f \not\equiv 0$，$F(z) = u(z) + iv(z)$，显然 $F(z)$ 在单位圆内解析且不等于零. 于是我们有 $F(z) = Re^{i\varphi}$, $R > 0$, $|\varphi| \leqslant \frac{\pi}{2}$. 因此

$$\int_0^{2\pi} |v|^p d\theta \leqslant \beta \int_0^{2\pi} u^p d\theta + \alpha \int_0^{2\pi} R^p \cos p\varphi d\theta$$
$$= \beta\int_0^{2\pi} u^p d\theta + 2\pi\alpha\left(\frac{1}{2\pi}\int_0^{2\pi} f(\theta)d\theta\right)^p.$$

这是因为由 Cauchy 公式

$$\frac{1}{2\pi i}\int_{|z|=r} \frac{G(z)}{z}\, dz = \frac{1}{2\pi}\int_0^{2\pi} G(re^{i\theta})d\theta = G(0), 0 < r < 1,$$

对任意解析函数 $G(z)$ 成立. 所以

$$\frac{1}{2\pi}\int_0^{2\pi} R^p \cos p\varphi d\theta = G^p(0),$$

其中 $G(z) = R^p e^{ip}\varphi = F^p(z)$.

当 $r \to 1$ 时,我们得到

$$\int_0^{2\pi} |\tilde{f}|^p d\theta \leqslant \beta\int_0^{2\pi} f^p d\theta + 2\pi|\alpha| \left(\frac{1}{2\pi}\int_0^{2\pi} f d\theta\right)^p$$
$$\leqslant (\beta + |\alpha|)\|f\|_p^p.$$

因为此时要求 $p > 0$ 且不是奇整数,所以我们证明了当 $1 < p \leqslant 2$ 时,

$$\|\tilde{f}\|_p \leqslant A_p\|f\|_p.$$

利用 $\int_0^{2\pi} \tilde{f}(r, x)g(x)dx = -\int_0^{2\pi} f(r, x)\tilde{g}(x)dx$ 对一切 $0 \leqslant r < 1$ 成立,其中 $\tilde{f}(r, x) = \theta_r * f(e^{ix})$，我们得到

$$\|\tilde{f}\|_{p'} \leqslant A_{p'}\|f\|_{p'},$$

其中 $1<p\leqslant 2, \dfrac{1}{p}+\dfrac{1}{p'}=1$, 定理 (1.2) 获证.

这个结果说明,当 $1<p<\infty$ 时,若考虑 H^p 函数的实部的边值,即 $\mathrm{Re}H^p$, 则 $\mathrm{Re}H^p=L^p$. 这是因为显然有 $\mathrm{Re}H^p\subseteq L^p$, 反之,若 $f\in L^p$ 则由定理 (1.2) 可知 $\tilde{f}\in L^p$, 从而得到 $F(z)=p_r*f(e^{i\theta})+i\theta_r*\tilde{f}(e^{i\theta})\in H^p$ 且 $\mathrm{Re}F(z)$ 的边值就是 f, 所以 $L^p\subseteq \mathrm{Re}H^p$.

注 (1.4): 我们在这里用到了调和函数边值的某些结果,即: 如果 $u(re^{i\theta})$ 是单位圆内的调和函数且对 $1<p<\infty$,

$$\sup_{0\leqslant r<1}\int_0^{2\pi}|u(re^{i\theta})|^p d\theta\leqslant c<\infty,$$

则 $u(re^{i\theta})$ 存在非切向边值且边值属于 L^p. 但是这个结果对 $p=1$ 是不成立的. 对应于 $p=1$ 的情形,有下面重要的 F.Riesz 和 M.Riesz 定理.

定理 (1.5)　如果 $\int_{-\pi}^{\pi}e^{in\theta}d\mu(\theta)=0$ 对 $n=1,2,\cdots$ 成立,则 μ 对于 Lebesgue 测度是绝对连续的, 即存在 $h\in L^1$ 使得 $d\mu=hd\theta$.

这个结果不但本身的意义是深刻的,而且有许多重要的应用.

例如,若 $F\in H^1(D)$, 则由

$$\sup_{0\leqslant r<1}\int_0^{2\pi}|F(re^{i\theta})|d\theta\leqslant c<\infty$$

可知

$$F(re^{i\theta})=\frac{1}{2\pi}\int_0^{2\pi}\frac{1-r^2}{1+r^2-2r\cos(\theta-t)}d\mu(t),$$

且 $F(re^{i\theta})\to d\mu(\theta)$ 在 W^* 中当 $r\to 1$ 时.

因为 $F(z)$ 是解析函数,由 Cauchy 定理

$$\int_{-\pi}^{\pi}e^{in\theta}F(re^{i\theta})d\theta=0,\ n=1,2,\cdots,$$

所以

$$\int_{-\pi}^{\pi} e^{in\theta}d\mu(\theta)=0,\ n=1,2,\cdots.$$

于是由 F.Riesz 和 M.Riesz 定理，μ 对 Lebesgue 测度绝对连续，即 $d\mu(\theta)=h(\theta)d\theta$，$h\in L^1$. 所以我们得到

$$F(re^{i\theta})=\frac{1}{2\pi}\int_{-\pi}^{\pi} p_r(\theta-t)h(t)dt.$$

同时，对几乎处处 θ，当 z 非切向趋于 $e^{i\theta}$ 时，$F(z)$

如果我们记 $h(e^{i\theta})$ 为 $F(e^{i\theta})$，则

$$F(re^{i\theta})=\frac{1}{2\pi}\int_{-\pi}^{\pi} p_r(\theta-t)F(e^{it})dt,$$

进一步还有

$$\int_{-\pi}^{\pi}|F(re^{i\theta})-F(e^{i\theta})|d\theta\to 0,\ 当\ r\to 1\ 时.$$

这说明当 $F\in H^1(D)$ 时，F 存在逐点边值，其边值也是 F 在 L^1 范数下的极限。

现在证明定理(1.5)：用反证法。如果 $d\mu$ 不是相对于 Lebesgue 测度绝对连续的，则存在一个闭集 E 使得 $\int_E e^{i\theta}d\mu(\theta)\neq 0$，而 $|E|=0$.

令 $E^c=\bigcup\limits_n(\alpha_n,\beta_n)$，则 $\bigcup\limits_i\{e^{i\theta}:\alpha_i<\theta<\beta_i\}\cup\{e^{i\theta}:\theta\in E\}=\{e^{i\theta}:|re^{i\theta}|\leqslant 1\}$，进一步我们有 $\sum\limits_n(\beta_n-\alpha_n)=2\pi$. 令 $p_n\to\infty$ 当 $n\to\infty$ 时，$p_n>0$ 且 $\sum\limits_n p_n(\beta_n-\alpha_n)<\infty$. 我们定义 $F(\theta)$：

1) $F(\theta+2\pi)=F(\theta)$;

2) $F(\theta)=\infty,\theta\in E$;

3) 如果 $\alpha_n<\theta<\beta_n,F(\theta)=p_n\dfrac{l_n}{\sqrt{l_n^2-(\theta-r_n)^2}}$,

其中 $l_n=\dfrac{1}{2}(\beta_n-\alpha_n)$，$r_n=\dfrac{1}{2}(\beta_n+\alpha_n)$.

因此，

$$\int_{\alpha_n}^{\beta_n} F(\theta)d\theta = \pi p_n l_n,$$

$F \in L^1$ 且是连续函数，此时我们指出 $\lim\limits_{\substack{\theta \to \theta_0 \\ \theta_0 \in E}} F(\theta) = \infty$. 实际上，如果 $\theta_0 \in E$，我们可以选取序列

(1) 有限多个在 (α_n, β_n) 中，因此 $F(\theta) \to \infty$;

(2) 无限多个在 (α_n, β_n) 中，因为 $F \geqslant p_n$，$p_n \to \infty$，所以 $F(\theta) \to \infty$.

现令：$U(re^{i\theta}) = \int_{-\pi}^{\pi} p_r(\theta - t)F(t)dt$，我们有 $U(z) \to F(e^{i\theta})$，当 $z \to e^{i\theta}$ 时，即 $U(z)$ 在 $|z| \leqslant 1$ 上连续. 此外我们还有

$$\tilde{U}(z) = \int_{-\pi}^{\pi} Q_r(\theta - t)F(t)dt,$$

则 $\tilde{U}(z)$ 可以连续开拓到 $\{e^{i\theta}: \alpha_n < \theta < \beta_n\}, n = 1, 2, \cdots$，因为 $F \in C^1(\alpha_n, \beta_n)(n = 1, 2, \cdots)$，$F > 0$，$U(z) > 0$，令

$$\varphi(z) = \frac{U(z) + i\tilde{U}(z)}{U(z) + i\tilde{U}(z) + 1}, |z| < 1,$$

则 $\varphi(z)$ 在 $|z| < 1$ 内解析且 $|\varphi(z)| < 1$.

如果 $\theta \in E$，则 $U(z) \to \infty$，当 $z \to e^{i\theta}$ 时，所以 $\varphi(z) \to 1$，当 $z \to e^{i\theta}$ 时. 如果 $\theta \notin E$，则当 $\theta \to \theta_0 \in E$ 时，

$$\varphi(e^{i\theta}) = \frac{F(\theta) + i\tilde{F}(\theta)}{F(\theta) + i\tilde{F}(\theta) + 1} \to 1.$$

因此，$|\varphi(z)| < 1$，当 $|z| < 1$ 而 $\varphi(e^{i\theta}) = 1$，当 $\theta \in E$. 这说明 $\varphi(z)$ 在 $|z| < 1$ 内解析，在 $|z| = 1$上连续. 若 $k = 1, 2, \cdots$，则 $[\varphi(z)]^k$ 在 $|z| < 1$ 解析，在 $|z| \leqslant 1$ 连续，因此，$[\varphi(re^{i\theta})]^k \to [\varphi(e^{i\theta})]^k$，当 $r \to 1$ 时且收敛是一致的. 于是对每一个 k，有

$$\int_{-\pi}^{\pi} [\varphi(re^{i\theta})]^k e^{i\theta} d\mu \to \int_{-\pi}^{\pi} [\varphi(e^{i\theta})]^k e^{i\theta} d\mu, \ r \to 1.$$

对 $r < 1$，$[\varphi(re^{i\theta})]^k = \sum\limits_{n=0}^{\infty} a_n r^n e^{in\theta}$，所以

$$\int_{-\pi}^{\pi}[\varphi(re^{i\theta})]^k e^{i\theta}d\mu = 0.$$

当 $r\to 1$ 时，我们有

$$\int_{-\pi}^{\pi}[\varphi(e^{i\theta})]^k e^{i\theta}d\mu(\theta) = 0, k = 1, 2, \cdots.$$

因为 $\varphi(\theta) = 1$，$\theta\in E$，而 $|\varphi(\theta)| < 1$，$\theta\notin E$. 所以当 $k\to\infty$ 时，就有

$$\int_{-\pi}^{\pi}[\varphi(e^{i\theta})]^k e^{i\theta}d\mu \to \int_E e^{i\theta}d\mu = 0$$

对任意闭集 E，$|E| = 0$，这与假设矛盾.

为了研究 H^p 空间的进一步性质，我们需要下面的定义.

定义 (1.6) 如果 $0<|z_n|<1$，$n = 1, 2, \cdots$，无限乘积

$$\prod_{n=1}^{\infty}\frac{|z_n|}{z_n}\frac{z_n - z}{1-\bar{z}_n z},$$

当 $|z|<1$ 时，绝对收敛且收敛到一个解析函数，我们称此无穷乘积为 Blaschke 乘积.

实际上，因为

$$\frac{|z_n|}{z_n}\frac{z-z_n}{1-\bar{z}_n z} = 1 + \{|z_n| - 1\}\left\{1 + \frac{(|z_n|+1)|z_n|}{z_n(1-\bar{z}_n z)}\cdot z\right\},$$

所以对 $z = 0$，无穷乘积收敛的充分必要条件是 $\Sigma(1-|z_n|)<\infty$. 如果 $\Sigma(1-|z_n|)<\infty$，则

$$B(z) = \prod_{n=1}^{\infty}\frac{|z_n|}{z_n}\cdot\frac{z_n - z}{1-\bar{z}_n z}$$

解析且 $|B(z)|<1$ 对于 $|z|<1$ 成立. 由 Fatou 定理，对几乎处处的 ξ，$|\xi|=1$，$\lim\limits_{z\to\xi}B(z) = B(\xi)$.

定理 (1.7) $|B(e^{i\theta})| = 1$ 对几乎处处 $\theta\in[0, 2\pi]$.

证明：不妨设所有的 $|z_n|>0$，否则我们考虑 $B(z)/z^k$，则

$$\log|B(0)| = \sum_n \log|z_n|.$$

因为 $\sum\limits_n(1-|z_n|)<\infty$，所以 $\sum\limits_n \log|z_n| > -\infty$ 令 $0<r<$

1 且 $r \neq |z_n|$，$n = 1, 2, \cdots$，则由 Jensen 公式

$$\log|B(0)| = \sum_{|z_n|<r} \log\left(\frac{|z_n|}{r}\right) + \frac{1}{2\pi}\int_{-\pi}^{\pi} \log|B(re^{i\theta})|d\theta$$

而

$$\frac{1}{2\pi}\int_{-\pi}^{\pi} \log|B(re^{i\theta})|d\theta = \sum_{|z_n|<r} \log\frac{r}{|z_n|} - \sum_n \log\frac{1}{|z_n|}.$$

固定 p 使得 $\sum_n \log 1/|z_n| < \varepsilon$，取 r 充分接近 1，使得 $|z_n|<r$，$n = 1, 2, \cdots, p$. 则

$$\frac{1}{2\pi}\int_{-\pi}^{\pi} \log|B(re^{i\theta})|d\theta \geqslant \sum_{n=1}^{p} \log\frac{r}{|z_n|} - \sum_{n=1}^{p} \log\frac{1}{|z_n|} - \varepsilon$$

当 r 充分接近 1 时，我们有

$$\frac{1}{2\pi}\int_{-\pi}^{\pi} \log|B(re^{i\theta})|d\theta > -2\varepsilon,$$

即

$$\varliminf_{r\to 1} \frac{1}{2\pi}\int_{-\pi}^{\pi} \log|B(re^{i\theta})|d\theta \geqslant 0.$$

但是 $B(re^{i\theta}) \to B(e^{i\theta})$，$r \to 1$ 时且 $\log|B(re^{i\theta})| \leqslant 0$，因此由 Fatou 引理，得到

$$\frac{1}{2\pi}\int_{-\pi}^{\pi} \log|B(e^{i\theta})|d\theta \geqslant 0.$$

又因 $|B(e^{i\theta})| \leqslant 1$，所以就推出 $\log|B(e^{i\theta})| = 0$ 对几乎处处 θ.

定理 (1.8)　设 $F(z)$ 在 $|z| < 1$ 内解析，z_n 是 $F(z)$ 的零点，$|z_n| < 1$，$n = 1, 2, \cdots$ 且

$$\sup_{0<r<1} \int_{-\pi}^{\pi} \log|F(re^{i\theta})|d\theta < \infty.$$

则 $\sum_n (1 - |z_n|) < \infty$ 且 $F(z) = B(z)G(z)$，其中

$$B(z) = \prod_{n=1}^{\infty} \frac{|z_n|}{z_n} \frac{z_n - z}{1 - \bar{z}_n z}$$

绝对收敛，$G(z)$ 在 $|z|<1$ 内解析且无零点.

证明：不失一般性，设 $F(0)\neq 0$. 否则我们可以考虑 $F(z)/z^k$，进一步我们还可以设当 $0<r<1$ 时，没有 n 满足 $|z_n|=r$，由 Jensen 公式，

$$\log|F(0)|=\sum_{|z_n|<r}\log\frac{|z_n|}{r}+\frac{1}{2\pi}\int_{-\pi}^{\pi}\log|F(re^{i\theta})|d\theta.$$

由此得到

$$\sum_{|z_n|<r}\log\frac{r}{|z_n|}\leqslant M-\log|F(0)|,$$

其中 $M=\sup\limits_{0\leqslant r<1}\frac{1}{2\pi}\int_{-\pi}^{\pi}\log|F(re^{i\theta})|d\theta$，与 r 无关.

令 $r\to 1$，对任意固定的 p，

$$\sum_{n=1}^{p}\log\frac{1}{|z_n|}\leqslant M-\log|F(0)|.$$

即 $\sum\limits_{n=1}^{\infty}\log\frac{1}{|z_n|}<\infty$，这等价于 $B(z)$ 绝对收敛. 再令 $G(z)=F(z)/B(z)$，显然，$G(z)$ 在 $|z|<1$ 内解析且无零点.

定理 (1.9) 设 $F(z)\in H^p(D)$，则存在 Blaschke 乘积 $B(z)$ 和 $G(z)\in H^p$，使得 $F(z)=B(z)G(z)$，其中 $G(z)$ 没有零点且 $\|G\|_{H^p}=\|F\|_{H^p}$.

证明：对任意 $r<1$，

$$\frac{1}{2\pi}\int_{-\pi}^{\pi}p\log|F(re^{i\theta})|d\theta\leqslant\log\frac{1}{2\pi}\int_{-\pi}^{\pi}|F(re^{i\theta})|^p d\theta<\infty.$$

由定理 (1.7) 可知，如果 z_n 是$F(z)$的零点，则 $\sum\limits_n(1-|z_n|)<\infty$，Blaschke 乘积存在. 令 $G(z)=F(z)/B(z)$，则 $G(z)$ 在 $|z|<1$ 内无零点记 $B_N(z)=\prod\limits_{n=1}^{N}\frac{|z_n|}{z_n}\frac{z_n-z}{1-\bar{z}_n z}$，则由 $B(z)$ 在 $|z|<1$ 内的绝对收敛性可知 $B_N(z)\to B(z)$在 $|z|\leqslant r<1$ 内一致收敛. 于是

$$\int_{-\pi}^{\pi}|G(re^{i\theta})|^p d\theta = \lim_{N\to\infty}\int_{-\pi}^{\pi}\left|\frac{F(re^{i\theta})}{B_N(re^{i\theta})}\right|^p d\theta.$$

但是对任意 N,

$$G_N(z) = F(z)/B_N(z)$$

在 $|z|<1$ 内解析,因此 $|G_N(z)|^p$ 是次调和函数,这样对任意固定的 $r<1$,

$$\int_{-\pi}^{\pi}|G_N(re^{i\theta})|^p d\theta \leqslant \limsup_{R\to 1}\int_{-\pi}^{\pi}|G_N(Re^{i\theta})|^p d\theta.$$

注意到对任意固定的 N, $|B_N(Re^{i\theta})|\to 1$, 当 $R\to 1$ 时且收敛是一致的,所以

$$\limsup_{R\to 1}\int_{-\pi}^{\pi}|G_N(Re^{i\theta})|^p d\theta = \limsup_{R\to 1}\int_{-\pi}^{\pi}|F(Re^{i\theta})|^p d\theta<$$

∞, 这样我们就证明了对任意 $r<1$ 和 N,

$$\sup_{0\leqslant r<1}\int_{-\pi}^{\pi}|G_N(re^{i\theta})|^p d\theta<\infty,$$

即

$$\sup_{0\leqslant r<1}\int_{-\pi}^{\pi}|G(re^{i\theta})|^p d\theta<\infty.$$

特别地, $\sup\limits_{\leqslant r<1}\int_{-\pi}^{\pi}|G(re^{i\theta})|^p d\theta = \sup\limits_{\leqslant r<1}\int_{-\pi}^{\pi}|F(re^{i\theta})|^p d\theta.$

定理 (1.9) 的重要性在于不但 $G(z)$ 本身是解析的,而且 $\log G(z)$, $G^\alpha(z) = \exp(\alpha G(z))$ 在 $|z|<1$ 内也都是解析的. 这样, $G(z)$ 比起 $F(z)$ 对一些运算而言就要灵活得多. 下面的"分解定理"就是定理 (1.9) 的重要应用之一.

定理 (1.10) $F(z)\in H^1(D)$ 的充分必要条件是存在 F_1, $F_2\in H^2(D)$, 使得 $F(z)=F_1(z)F_2(z)$.

证明: 充分性是显然的. 我们证明其必要性. 令 $F_1(z)=G^{1/2}(z)$, $F_2(z)=B(z)G^{1/2}(z)$, 其中 $F(z)=B(z)G(z)$, 由定理 (1.9) 可知 $F_1(z)$, $F_2(z)\in H^2(D)$ 且 $\|F_i\|_{H^2}\leqslant\|G(z)\|_{H^1}\leqslant\|F\|_{H^1}$.

定理 (1.11) 如果 $p>0$, $F(z)\in H^p(D)$, 则 $F(z)$ 具有非切向边值,即存在极限

$$\lim_{\substack{z \to e^{i\theta} \\ z \in T(\theta)}} F(z) = F(e^{i\theta}),$$

并且 $\|F\|_{H^p}^p = \int_{-\pi}^{\pi} |F(e^{i\theta})|^p d\theta.$

证明： $F(z) = B(z)G(z)$，其中 $B(z)$ 是 Blaschke 乘积，$G(z)$ 解析且无零点，同时，$\|F\|_{H^p} = \|G\|_{H^p}$. 现令 $G(z) = [h(z)]^{1/p}$，则 $h \in H^1$，并且

$$\|h\|_{H^1} = \limsup_{r \to 1} \int_{-\pi}^{\pi} |h(re^{i\theta})| d\theta = \int_{-\pi}^{\pi} |h(e^{i\theta})| d\theta.$$

因为 h 有非切向边值，所以 $G(z)$ 有非切向边值，当 z 非切向趋于 $e^{i\theta}$ 时 $B(z) \to B(e^{i\theta})$. 于是我们得到 $F(z) \to B(e^{i\theta})G(e^{i\theta}) = F(e^{i\theta})$ 且

$$\|F\|_{H^p}^p = \|G\|_{H^p}^p = \|h^{1/p}\|_{H^p}^p = \|h\|_{H^1} = \int_{-\pi}^{\pi} |h(e^{i\theta})| d\theta$$

$$= \int_{-\pi}^{\pi} |G(e^{i\theta})|^p d\theta = \int_{-\pi}^{\pi} |F(e^{i\theta})|^p d\theta.$$

我们需要特别指出，如果 $F(z) \neq 0$，则对几乎处处 $\theta \in [0, 2\pi]$ 有 $F(e^{i\theta}) \neq 0$，这是因为如果

$$\sup_{0 \le r<1} \int_{-\pi}^{\pi} |\log^+ |F(re^{i\theta})|| d\theta < \infty,$$

则 $F(z) = B(z)G(z)$ 且

$$\sup_{0 \le r<1} \int_{-\pi}^{\pi} |\log |G(re^{i\theta})|| d\theta < \infty.$$

由 $G(z)$ 无零点推出 $\log |G(z)|$ 是调和函数. 再由 Fatou 定理，$\log |G(e^{i\theta})| \in L^1$，同时

$$G(z) = \exp\left\{\frac{1}{2\pi}\int_0^{2\pi} \frac{e^{it} + z}{e^{it} - z} d\lambda(t)\right\},$$

其中 λ 是有界变差函数. 于是 $\lambda(t) = \lambda_1(t) - \lambda_2(t)$，$\lambda_i(t)$是有界单调非增函数，因此

$$G(z) = G_1(z)/G_2(z),$$

其中 $G_k(z) = \exp\left\{\frac{1}{2\pi}\int_0^{2\pi} \frac{e^{it} + z}{e^{it} - z} d\lambda_k(t)\right\}$，$G_k(z)$ 无零点且

$|G_k(z)| \leqslant 1$，从而可知 $G_k(e^{i\theta})$ 存在，且 $G_k(e^{i\theta}) \neq 0$. 这样就证明了 $G(e^{i\theta}) = G_1(e^{i\theta})/G_2(e^{i\theta})$ 存在且不为 0，即对几乎处处 $\theta \in [0,2\pi]$，$F(e^{i\theta}) = B(e^{i\theta})G(e^{i\theta}) \neq 0$.

上述定理说明非切向边值唯一地决定了 $F(z)$. 但是此事实对于 $F(z)$ 的实部而言是不成立的. 例如：$F(z) = \dfrac{i}{z} - \dfrac{i}{z-1} \in H^p(D)$，$1/2 < p < 1$. 这可以由下面的估计得到：

$$|F(z)| \leqslant \frac{1}{|z||z-1|}$$

$$\leqslant \begin{cases} \dfrac{2}{|x|}, & \text{如果 } |x| < 1/2; \\ \dfrac{2}{|x-1|}, & \text{如果 } |x-1| < 1/2; \\ \dfrac{2}{|x||x-1|}, & \text{如果 } x \leqslant -\dfrac{1}{2} \text{ 或 } x \geqslant \dfrac{3}{2}. \end{cases}$$

因此

$$\int_{-\infty}^{+\infty} |F(x+iy)|^p dx < \infty, \text{对一切 } y > 0.$$

$F(x) = \dfrac{i}{x} - \dfrac{i}{x-1}$ 当 $x \neq 0, x \neq 1$ 时，而 $F(z)$ 的实部除了 $x = 0$ 和 $x = 1$ 外均趋向于零.

实际上，我们只能考虑其分布意义下的边值，即

$$\lim_{z \to x} \operatorname{Re} F(z) = \delta_0 - \delta_1 \text{ 在 } D' \text{ 中},$$

其中 δ 为 “Dirac” 函数，

定理 (1.12) 设 $F \in H^p(D)$，则

$$\lim_{r \to 1} \int_{-\pi}^{\pi} |F(re^{i\theta}) - F(e^{i\theta})|^p d\theta = 0.$$

证明：我们有 $F(z) = B(z)G(z)$，其中 $G(z) \in H^p$ 且无零点. 于是

$$\int_{-\pi}^{\pi} |F(re^{i\theta}) - F(e^{i\theta})|^p d\theta$$

$$
\leqslant \int_{-\pi}^{\pi} |B(re^{i\theta})|^p |G(re^{i\theta}) - G(e^{i\theta})|^p d\theta
$$

$$
+ \int_{-\pi}^{\pi} |B(re^{i\theta}) - B(e^{i\theta})|^p |G(e^{i\theta})|^p d\theta
$$

$$
\leqslant \int_{-\pi}^{\pi} |G(re^{i\theta}) - G(e^{i\theta})|^p d\theta
$$

$$
+ \int_{-\pi}^{\pi} |B(re^{i\theta}) - B(e^{i\theta})|^p |G(e^{i\theta})|^p d\theta.
$$

由控制收敛定理，$\int_{-\pi}^{\pi} |B(re^{i\theta}) - B(e^{i\theta})|^p |G(e^{i\theta})|^p d\theta \to 0$，当 $r \to 1$ 时，因此我们只需证明：如果 $G \in H^p(D)$，$G(z)$ 无零点则

$$
\lim_{r \to 1} \int_{-\pi}^{\pi} |G(re^{i\theta}) - G(e^{i\theta})|^p d\theta = 0.
$$

如果 $p \geqslant 1$，因为 $G(re^{i\theta}) = \frac{1}{2\pi}\int_{-\pi}^{\pi} P_r(\theta - t) G(e^{it}) dt$（特别当 $G \in H^1$ 时），所以有

$$
\lim_{r \to 1} \int_{-\pi}^{\pi} |G(re^{i\theta}) - G(e^{i\theta})| d\theta = 0.
$$

如果 $1/2 \leqslant p$，令 $G_1(z) = G^{1/2}(z)$，则 $G_1(z) \in H^{2p}(D)$. $2p \geqslant 1$，我们有

$$
\int_{-\pi}^{\pi} |G(re^{i\theta}) - G(e^{i\theta})|^p d\theta
$$

$$
= \int_{-\pi}^{\pi} |[G_1(re^{i\theta}) - G_1(e^{i\theta})][G_1(re^{i\theta}) + G_1(e^{i\theta})]|^p d\theta
$$

$$
\leqslant \left\{ \int_{-\pi}^{\pi} |G_1(re^{i\theta}) - G_1(e^{i\theta})|^{2p} d\theta \right\}^{1/2}
$$

$$
\times \left\{ \int_{-\pi}^{\pi} |G_1(re^{i\theta}) + G_1(e^{i\theta})|^{2p} d\theta \right\}^{1/2}
$$

$$
\leqslant c \left\{ \int_{-\pi}^{\pi} |G_1(re^{i\theta}) - G_1(e^{i\theta})|^{2p} d\theta \right\}^{1/2} \to 0, \text{当 } r \to 1
$$

时.

用同样的方法可以证明 $p \geqslant \frac{1}{4}$ 时结论成立. 重复证明就可

以得到 $p\geqslant\frac{1}{8}$，$p\geqslant\frac{1}{16}$，$\cdots$时结论成立，从而证明了对 $p>0$ 时结论成立.

§2. 共轭调和函数系和 n 维欧氏空间上的 H^p 空间

由 §1 我们知道，如果 $F\in H^1(\mathbf{R}^2_+)$，则

$$\|F\|_{H^1}=\int_{-\infty}^{+\infty}|F(x)|dx,$$

其中 $F(x)=\lim_{t\to 0}F(x+it)=u(x)+iv(x)$，$v(x)$ 是 $u(x)$ 的 Hilbert 变换，即

$$v(x)=c\lim_{\varepsilon\to 0^+}\int_{|x-y|>\varepsilon}\frac{u(y)}{x-y}dy.$$

这样，通过边界值我们可以把 H^1 看成是 $L^1(\mathbf{R})$ 中所有那些使 $H(f)\in L^1(\mathbf{R})$ 的函数 f 的全体，即

$$H^1(\mathbf{R})=\{f\in L^1(\mathbf{R}):H(f)\in L^1(\mathbf{R})\}.$$

把这种思想推广到高维欧氏空间，就是 Stein-Weiss n 维欧氏空间上的 H^p 理论.

研究一维欧氏空间上的 H^p 理论的基本工具是 Blaschke 乘积，而 Blaschke 乘积依赖于解析函数零点孤立性这一重要性质，显然，这个性质并不能推广到高维. 发展 H^p 理论的另一条途径是利用 $\log|F(z)|$ 和 $|F(z)|^p$ 在 $p>0$ 时是次调和函数，而次调和函数有一个极小调和控制，这条途径是发展 n 维欧氏空间上 H^p 理论的主要出发点. 为此，我们必须引入适当的"共轭"意义. 先看一维情形，设 $u(x,y)$ 和 $v(x,y)$ 是调和函数且满足 Cauchy-Riemann 方程，即

$$u_x=v_y,\quad u_y=-v_x,$$

则存在一个调和函数 h 使得 (u,v) 是 h 的梯度，即

$$v=h_y,\quad u=h_x.$$

这样，解析函数和调和函数的梯度便自然地建立起一一对应关系，

这就是我们的出发点。

现令 $F=(u_1,u_2,\cdots,u_n)$ 是 n 维欧氏空间上的调和函数系，F 称为共轭调和函数系，如果 F 是一个调和函数 h 的梯度，即

$$u_i(x)=\frac{\partial}{\partial x_i}h(x),\ i=1,2,\cdots,n.$$

于是我们可以引入下面的定义：

定义 (2.1) 设 $F=(u_1,u_2,\cdots,u_n)$，u_i 是 $\mathbf{R}^n$ 上实值调和函数 $(i=1,2,\cdots,n)$，我们称 F 是一个共轭调和函数系，如果

$$\sum_{i=1}^{n}\frac{\partial u_i}{\partial x_i}=0,\ \frac{\partial u_i}{\partial x_j}=\frac{\partial u_j}{\partial x_i},\ i\neq j.$$

同时定义

$$|F|=\left\{\sum_{i=1}^{n}|u_i|^2\right\}^{1/2}.$$

显然对于 $p\geqslant 1$，$|F|^p$ 是次调和函数，而对于 $p<1$，我们要证明：

定理 (2.2) 如果 $p\geqslant\frac{n-2}{n-1}$，则 $|F|^p$ 是次调和的。

证明：设 $F=(u_1,u_2,\cdots,u_n)$ 是一个共轭调和函数系。为证明 $|F|^p$ 是次调和的，只需要证明 $\Delta(|F|^p)\geqslant 0$. 我们引入记号

$$F\cdot G=u_1v_1+\cdots+u_n\cdot v_n=\sum_{i=1}^{n}u_iv_i,$$

其中 $G=(v_1,v_2,\cdots,v_n)$.

$$G_{x_k}=\left(\frac{\partial v_1}{\partial x_k},\ \frac{\partial v_2}{\partial x_k},\cdots,\ \frac{\partial v_n}{\partial x_k}\right).$$

显然，$\frac{\partial}{\partial x_k}(G\cdot F)=G_{x_k}\cdot F+G\cdot F_{x_k}$. 因此

$$\frac{\partial}{\partial x_k}|F|^p=\frac{\partial}{\partial x_k}(F\cdot F)^{p/2}=p|F|^{p-2}(F_{x_k}\cdot F),$$

$$\frac{\partial^2}{\partial x_k^2}|F|^p=p(p-2)|F|^{p-4}(F_{x_k}\cdot F)^2$$

$$+ p|F|^{p-2}\{|F_{x_k}|^2 + (F_{x_k} \cdot F_{x_k})\}.$$

于是我们得到

$$\Delta(|F|^p) = p(p-2)|F|^{p-4}\sum_{k=1}^{n}(F_{x_k} \cdot F)^2$$

$$+ p|F|^{p-2}\sum_{k=1}^{n}|F_{x_k}|^2.$$

当 $p < 4$ 时，如 $F(x) = 0$ 则没有意义．但此时因 $|F|^p \geqslant 0$，所以次调和函数的性质仍然成立．我们仅考虑 $F(x) \neq 0$，当 $1 \leqslant p \leqslant 2$ 时(因为 $p \geqslant 2$ 时是显然的)，

$$(F_{x_k} \cdot F)^2 \leqslant |F_{x_k}|^2|F|^2,$$

所以

$$\Delta(|F|^p) \geqslant p(p-2)|F|^{p-4}\sum_{k=1}^{n}|F_{x_k}|^2|F|^2$$

$$+ p|F|^{p-2}\sum_{k=1}^{n}|F_{x_k}|^2$$

$$= p(p-1)|F|^{p-2}\sum_{k=1}^{n}|F_{x_k}|^2 \geqslant 0.$$

为证明当 $p \geqslant \dfrac{n-2}{n-1}$ 时有同样的结论，我们需要下面的引理．

引理(2.3) 设

$$m = \begin{pmatrix} a_{11} & a_{12} & \cdots & a_{1n} \\ a_{21} & a_{22} & \cdots & a_{2n} \\ & \cdots & & \\ a_{n1} & a_{n2} & \cdots & a_{nn} \end{pmatrix}$$

是一个 $n \times n$ 的对称矩阵，$\sum_{i=1}^{n} a_{ii} = 0$．令

$$\|m\| = \sup_{|A| = \left(\sum_{i=1}^{n}|a_i|^2\right)^{1/2} \leqslant 1} |mA|, \quad |||m||| = \left(\sum_{i,j}|a_{ij}|^2\right)^{1/2},$$

则 $\|m\|^2 \leqslant \frac{n-1}{n}|||m|||^2$.

证明：一般地我们有 $\|m\|^2 \leqslant |||m|||^2$，但利用 $\sum_{i=1}^{n} a_{ii}=0$ 我们可以证明 (2.3) 的结论。不失一般性，设

$$m=\begin{pmatrix}\lambda_1 & & & 0\\ & \lambda_2 & & \\ & & \ddots & \\ 0 & & & \lambda_n\end{pmatrix}$$

则 $\|m\|^2=\max\{\lambda_1^2,\cdots,\lambda_n^2\}$，$|||m|||^2=\sum_{i=1}^{n}\lambda_i^2$，因为 $\sum_{i=1}^{n}\lambda_i=0$，所以只需要证明 $\lambda_k^2 \leqslant \frac{n-1}{n}\left(\sum_{i=1}^{n}\lambda_i^2\right)$.

由 $\left|\sum_{i\neq k}\lambda_i\right| \leqslant (n-1)^{1/2}\left(\sum_{i\neq k}\lambda_i^2\right)^{1/2}$，可导出

$\lambda_k^2=\left(\sum_{i\neq k}\lambda_i\right) \leqslant (n-1)\sum_{i\neq k}\lambda_i^2=(n-1)\sum_{i=1}^{n}\lambda_i^2-(n-1)\lambda_k^2$.

从而

$$\lambda_k^2 \leqslant \frac{n-1}{n}\sum_{i=1}^{n}\lambda_i^2.$$

引理证毕.

现令

$$m=\begin{Bmatrix}\frac{\partial u_1}{\partial x_1} & \frac{\partial u_1}{\partial x_2}, & \cdots & \frac{\partial u_1}{\partial x_n}\\ \vdots & \cdots & & \\ \frac{\partial u_n}{\partial x_1} & \frac{\partial u_n}{\partial x_2}, & \cdots & \frac{\partial u_n}{\partial x_n}\end{Bmatrix},$$

则 $\Delta(|F|^p)=p(p-2)|F|^{p-4}|mF|^2+p|F|^{p-2}|||m|||^2$. 于是 $\Delta(|F|^p)\geqslant 0$ 等价于 $|F|^{p-2}|||m|||^2 \geqslant (2-p)|F|^{p-4}|mF|^2$，即

$$|mF|^2 \leqslant \frac{1}{(2-p)}|||m|||^2|F|^2.$$

这只需要证明

$$\|m\|^2 \leqslant \frac{1}{2-p} |||m|||^2.$$

为此只需要验证 $p=\frac{n-2}{n-1}$ 时上式成立，而这等价于 $\|m\|^2 \leqslant \frac{n-1}{n} |||m|||^2$.

下面的例子说明 $p=\frac{n-2}{n-1}$ 是不可能再改进了。

令 $$F(x)=\left(\frac{x_1}{r^n}, \frac{x_2}{r^n}, \cdots, \frac{x_n}{r^n}\right),$$

其中 $r=(x_1^2+x_2^2+\cdots+x_n^2)^{1/2}$, $n \geqslant 3$, 则F是 $r^{2-n}/2-n$ 的梯度,从而F是一个共轭调和函数系,但是

$$\Delta(|F|^p)=(1-n)p[(n-2)+(1-n)p]r^{p(1-n)-2}.$$

那么由 $\Delta(|F|^p) \geqslant 0$ 推出 $(2-n)+p(n-1) \geqslant 0$, 即 $p \geqslant \frac{n-2}{n-1}$.

有时我们称共轭调和函数系为 Stein-Weiss 解析函数。

定义 (2.4) 如果 $F(x, y)=(u_0(x, y), u_1(x, y), \cdots, u_n(x, y))$ 是定义在 $\mathbf{R}_+^{n+1}$ 上的共轭调和函数系,我们说 $F \in H^p(\mathbf{R}_+^{n+1})$, 如果

$$\sup_{y>0}\left(\int_{\mathbf{R}^n} |F(x, y)|^p dx\right)^{1/p} \leqslant A<\infty.$$

对于满足上式的 F, 我们定义 $\|F\|_{H^p}^p=\sup_{y>0} \int_{\mathbf{R}^n} |F(x,y)|^p dx$.

为了研究 $H^p(\mathbf{R}_+^{n+1})$ 的性质，我们需要下面有关调和控制的一些结果.

引理 (2.5) 如果 $S(x,y) \geqslant 0$ 是定义在 $\mathbf{R}_+^{n+1}$ 上的次调和函数且满足

$$\int_{\mathbf{R}^n} (S(x, y))^q dx \leqslant c^q<\infty,$$

其中 $1 \leqslant q<\infty$, c 是与y无关的常数,则 $S(x, y) \leqslant c y^{-n/q}$.进

一步，如果 $0<\varepsilon\leqslant y\leqslant 1/\varepsilon$，则 $S(x,y)\to 0$，当 $|x|\longrightarrow\infty$ 对 y 一致。

证明：因为 $S(x,y)\geqslant 0$ 次调和，所以

$$S(x,y)\leqslant\frac{1}{|B(x,y)|}\int_B\int_{(x,y)}S(z,t)dz\,dt,$$

其中 $B(x,y)$ 是 $\mathbf{R}_+^{n+1}$ 上以 (x,y) 为心，$\frac{1}{2}y$ 为半径的球。由此以及

$$\sup_{y>0}\int_{\mathbf{R}^n}|S(x,y)|^q dx\leqslant c^q<\infty,$$

即可得证。

引理 (2.6) 如果 $s(x,y)\geqslant 0$ 是 $\mathbf{R}_+^{n+1}$ 上的次调和函数且

$$\int_{\mathbf{R}^n}(s(x,y))^q dx\leqslant A<\infty,$$

则 $s(x,y)$ 有一个调和控制，即存在 $\mathbf{R}_+^{n+1}$ 上的调和函数 $m(x,y)\geqslant s(x,y)$，使得

(1) 如果 $q>1$，则 $m(x,y)$ 是一个 $L^q(\mathbf{R}^n)$ 函数 f 的 Poisson 积分，且 $f(x)=\lim\limits_{y\to 0}m(x,y)$ 在逐点和 L^p 范数意义下收敛，同时

$$\|f\|_q^q\leqslant c=\sup_{s>0}\int_{\mathbf{R}^n}\{s(x,y)\}^q dx.$$

(2) 如果 $q=1$，则 $m(x,y)$ 是一个有限测度的 Poisson 积分。

引理 (2.7) 设 $u(x,y)$ 是 $\mathbf{R}_+^{n+1}$ 上的调和函数，又设 $E\subset\mathbf{R}^n$ 可测，且对所有 $(x,y)\in\Gamma_a(z)$，$z\in E$，$|u(x,y)|\leqslant M<\infty$，则极限 $\lim\limits_{y\to 0}u(x,y)$ 对几乎处处 $x\in E$ 存在。

引理 (2.7) 是 Calderón 关于调和函数边界性质结果的一个特例。由于 (2.6) 和 (2.7) 的证明较长，我们在此略去，有兴趣的读者可以看 [12]，[13]。

为了研究 $H^p(\mathbf{R}_+^{n+1})$ 空间的边界性质，我们引入下面的定义。

定义 (2.8) 设 $F(x, y)=(u_0(x, y), u_1(x, y), \cdots, u_n(x, y))$，如果存在 $G(x)=(w_0(x), w_1(x), \cdots, w_n(x))$，使得

$$\|F(x,y)-G(x)\|_p^p=\int_{\mathbf{R}^n}|F(x, y)-G(x)|^p dx$$

当 $y\to 0$ 时趋于 0，我们称 $G(x)$ 是 $F(x, y)$ 当 $y\to 0$ 时在范数收敛意义下的极限.

如果 $u_i(x, y)\to w_i(x)$ 对几乎处处 $x\in\mathbf{R}^n$，$i=0,1,\cdots,n$ 成立，我们称 $G(x)$ 是 $F(x, y)$ 在 $y\to 0$ 时逐点收敛的极限.

特别地，我们记作 $G(x)=F(x, 0)$，$w_0(x)=u_0(x, 0), \cdots, w_n(x)=u_n(x, 0)$.

定理 (2.9) 设 $F\in H^p(\mathbf{R}_+^{n+1})$，$p\geqslant\frac{n-1}{n}$，则

$$\lim_{y\to 0}F(x, y)=F(x, 0)$$

对几乎处处的 $x\in\mathbf{R}^n$ 存在. 若 $p>\frac{n-1}{n}$，则 $F(x,0)$ 是 $F(x, y)$ 当 $y\to 0$ 时 L^p 范数意义下的极限.

定理 (2.9) 可以直接应用引理 (2.6) 和 (2.7) 得到. 具体细节可看 [14].

对于 Stein-Weiss $H^1(\mathbf{R}_+^{n+1})$ 空间中的函数，还可以用奇异积分来刻划. 事实上，设 Stein-Weiss 解析函数 $F(x, y)$ 在 $\overline{\mathbf{R}_+^{n+1}}$ 上充分好，则 $u_i(x)$ 可以表示成 $u_i(x)=R_i[u_0](x)$，这里 R_i 为 $\mathbf{R}^n$ 上第 i 个 Riesz 变换，即

$$R_i(f)=f*c_n\frac{x_i}{|x|^{n+1}},\quad i=1, 2, \cdots, n.$$

特别地，通过边值我们可以把 $H^1(\mathbf{R}_+^{n+1})$ 函数看成是 $L^1(\mathbf{R}^n)$ 中使 $R_i(f)\in L^1(\mathbf{R}^n)$，$i=1, 2, \cdots, n$，的函数的全体.

另外，还可以通过 F 本身的非切向极大函数来刻划 $H^p(\mathbf{R}_+^{n+1})$. 为说明这一点，我们讨论 $\overline{\mathbf{R}_+^{n+1}}$ 上连续并且有界的调和函数 $u(x, y)$，如果 $u(x, y)$，可以表示成为它的边值函数 $f(x)=u(x, 0)$ 的 Poisson 积分：

$$u(x, y) = f * P_y(x)$$

因此

$$u^*(x) \leqslant cM(f)(x).$$

但是当 $p \leqslant 1$ 时,即使 $u(x, y)$ 是调和函数, $u = f * P_y$ 且

$$\sup_{y>0} \int_{\mathbf{R}^n} |u(x,y)|^p dx \leqslant c < \infty,$$

一般地讲也不能得到 $u^*(x) < \infty$ 对于几乎处处的 $x \in \mathbf{R}^n$ 成立,这是因为 Hardy-Littlewood 极大函数不是 L^p 上有界的 $(0<p\leqslant 1)$. 如果 F 是 Stein-Weiss 解析函数且 $F \in H^1(\mathbf{R}_+^{n+1})$,那么对于 $1 > \alpha > 0$, $\alpha \geqslant \frac{n-1}{n}$, 有 $\Delta(|F|^\alpha) \geqslant 0$,即 $|F|^\alpha$ 是次调和的.将引理 (2.6) 用于函数 $G(x, y) = |F(x, y)|^\alpha$, 注意到 $\int_{\mathbf{R}^n} G^{1/\alpha}(x, y)dx \leqslant c<\infty$ 对一切 $y > 0$ 成立,可知存在函数 $h(x) \in L^{1/\alpha}(\mathbf{R}^n)$,使得

$$G^*(x) \leqslant cM(h)(x).$$

由于 $1/\alpha>1$, M 是 $L^{1/\alpha}(\mathbf{R}^n)$上的有界算子,所以 $M(h) \in L^{1/\alpha}(\mathbf{R}^n)$,从而推出 $G^* \in L^{1/\alpha}(\mathbf{R}^n)$ 即 $F^*(x) \in L^1(\mathbf{R}^n)$. 容易看出,若 F 是 Stein-Weiss 解析函数且 $F^* \in L^1(\mathbf{R}^n)$, 则 $F \in H^1(\mathbf{R}_+^{n+1})$, 因此 Stein-Weiss 解析函数 $F \in H^1(\mathbf{R}_+^{n+1})$ 的充分必要条件是 $F^* \in L^1(\mathbf{R}^n)$.

一个自然的问题是我们能不能不依赖于函数的解析性质,直接去判断一个调和函数是否是一个 H^p 函数的实部,即 $\mathrm{Re} F = u(x, y)$, 其中 $F \in H^p(\mathbf{R}_+^{n+1})$ 或者等价地说, u 是一个共轭调和函数系的实部,即 $F = (u(x, y), u_1(x, y), \cdots, u_n(x, y))$, 这就是下一节我们要讨论的 H^p 空间的实变刻划.

§3. H^p 空间的实变刻划

本节的主要目的是利用 H^p 函数的边值的实部来刻划 H^p 空

间. 对于一维欧氏空间,这个问题最早是由 M. Riesz 研究的,他首先证明了 $\|\tilde{f}\|_p \leqslant A_p\|f\|_p$, $1<p<\infty$. 从而说明了 $H^p(1<p<\infty)$ 等价于 L^p. 换言之,对于 $1<p<\infty$, 如果我们用 H^p 空间函数的边值的实部来刻划 H^p, 那么只需要其边值函数的实部属于 L^p.

设 $F\in H^p(D)$, $1<p<\infty$, u 是 F 的实部. 则 u 的边值属于 L^p 又等价于

$$\sup_{0\leqslant r<1}\int_{-\pi}^{\pi}|u(re^{i\theta})|^p d\theta<\infty,\ 1<p<\infty.$$

对于 $p\leqslant 1$ 的情形,我们已经看到, $F\in H^p$ 的充分必要条件是 $F^*\in L^p$, 但是如果我们仅仅用解析函数(对于 n 维欧氏空间应理解为 Stein-Weiss 解析函数)的实部, 即调和函数去刻划 H^p 空间, 一个平凡的结果是: 如果 $F=u+iv\in H^p$, 则 $u^*\in L^p$, 这是因为 $u^*(x)\leqslant F^*(x)$. 但是能否由 $u^*\in L^p$ 推知 u 是解析函数 $F\in H^p$ 的实部呢? 这个问题直到 1970 年才由 Burkholder, Gundy 和 Silverstein 解决. 他们证明了当 $n=1$ 时, 如果 $u^*\in L^p$, 则 u 一定是一个 H^p 函数 F 的实部, 这就是 H^p 空间的实变刻划. 值得注意的是, 他们是用概率论中关于布朗运动的方法加以证明的. 下面我们给出这个结果的一个纯粹分析的证明.

定理 (3.1) 设 $u(x,y)$ 是 $\mathbb{R}_+^2$ 上一个实值调和函数且 $u^*\in L^1(\mathbf{R})$, 则 $u(x,y)=\mathrm{Re}F(x,y)$, 其中 $F(x,y)\in H^1(\mathbf{R}_+^2)$.

证明: 对 $h>0$, $z\in\mathbb{R}$ 和 $\mathrm{Im}\,z>0$, 记 $u_h(z)=u(z+ih)$. 因为 $|u_h|\leqslant u^*$ 以及 $u^*\in L^1$, 所以 $\|u_h\|_1\leqslant c<\infty$ 对一切 $h>0$ 成立. 令

$$v(z)=\frac{1}{\pi}\int_{-\infty}^{+\infty}\frac{x-t}{(x-t)^2+(y-h)^2}u_h(t)dt,$$

其中 $u_h(t)=u(t+ih)$ 是 $u_h(z)$, $\mathrm{Im}z>0$ 的边值.

我们要证明 $u(z)+iv(z)=u(x,y)+iv(x,y)\in H^1(\mathbf{R}_+^2)$. 为此,我们先证明

$$\int_{-\infty}^{+\infty}|v_h(x)|dx\leqslant 4\int_{-\infty}^{+\infty}u^*(x)dx$$

对每一个 $h>0$ 成立，其中 $v_h(x)=v(x+ih)$. 实际上，我们将证明一个更强的结果：

$$\int_{-\infty}^{+\infty}|v_h(x)|dx\leqslant 4\int_{-\infty}^{+\infty}u_h^*(x)dx,$$

其中 $u_h^*(x)=\sup\limits_{|x-t|<y}|u(t+i(y+h))|$.

这是因为 $u_h^*(x)\leqslant u^*(x)$，再由 $\int_{-\infty}^{+\infty}u^*(x)dx<\infty$，我们有

$$\int_{-\infty}^{+\infty}|u(x+ih)|dx<\infty$$

对一切 $h>0$ 成立，因此，由引理 (2.5) 知

$$|u_h(z)|\leqslant\frac{c}{h},\ \operatorname{Im}z>0.$$

于是

$$\int_{-\infty}^{+\infty}[u_h(x,y)]^2dx\leqslant c_h<\infty$$

对一切 $y>0$ 成立。这就推出

$$\int_{-\infty}^{+\infty}[v_h(x,y)]^2dx\leqslant c_h$$

对一切 $y>0$ 成立，这是因为 v_h 是 u_h 的 Poisson 积分. 由此得出 $u_h+iv_h\in H^2(\mathrm{R}_+^2)$ 对一切 $h>0$ 成立.

函数 $u_h(z)+iv_h(z)=u_h(x,y)+iv_h(x,y)$ 在 $\operatorname{Im}z\geqslant 0$ 上是连续的且当 $z\to\infty$ 时趋于 0. 这是因为

$$u_h(z)+iv_h(z)=\frac{i}{\pi}\int_{-\infty}^{+\infty}\frac{1}{z-t+ih/2}u_{h/2}(t)dt.$$

对任意 $\lambda>0$，令

$$m(\lambda)=|\{x\in\mathrm{R}:u_h^*(x)>\lambda\}|,$$
$$\mu(\lambda)=|\{x\in\mathrm{R}:|v_h(x)|>\lambda\}|.$$

我们将用 $m(\lambda)$ 来估计 $\mu(\lambda)$. 记 $\Omega_\lambda=\{x\in\mathrm{R}:u_h^*(x)>\lambda\}$，$E_\lambda=\mathrm{R}\backslash\Omega_\lambda$，则 $|\Omega_\lambda|=m(\lambda)$ 且

$$\begin{aligned}\mu(\lambda)&\leqslant|\{x\in E_\lambda:|v_h(x)|>\lambda\}|+|\Omega_\lambda|\\&=m(\lambda)+|\{x\in E_\lambda:|v_h(x)|>\lambda\}|.\end{aligned}$$

因为 Ω_λ 是一个有界开集，所以 $\Omega_\lambda = \bigcup_k J_k$，其中 J_k 是互不相交的有限开区间。

令$T = \bigcup_k T_k$(其中 T_k 如图)是以 J_k 为底的上三角，于是函数 $x = \mathrm{Re}z$ 当 z 沿T的正方向移动时是增加函数，因为 $u_h + iv_h \in H^2(\mathbf{R}_+^2)$，$\Omega_\lambda$ 有界所以T有界．再由 Cauchy 定理

$$\int_T [u_h(z) + iv_h(z)]^2 dz = 0.$$

比较两边的实部我们得到

$$\int_{E_\lambda} (u_h^2 - v_h^2)dx + \int_T (u_h^2 - v_h^2)dx - 2\int_T u_h v_h dy = 0.$$

对于每一个 T_k，由 $dy = \pm dx$，所以

$$\left|2\int_T u_h v_h dy\right| \leqslant \int_T (u_h^2 + v_h^2)dx,$$

因此

$$\int_{E_\lambda} v_h^2 dx \leqslant \int_{E_\lambda} u_h^2 dx + 2\int_T u_h^2 dx.$$

但在每一个 T_k 上，我们都有 $|u_h(z)| \leqslant \lambda$，故有

$$\begin{aligned}
\int_{E_\lambda} v_h^2 dx &\leqslant \int_{E_\lambda} u_h^{*2} dx + 2\lambda^2 \int_T dx \\
&= \int_{E_\lambda} u_h^{*2} dx + 2\lambda^2 m(\lambda) \\
&= \int_{\{x:u_h^*(x)\leqslant\lambda\}} u_h^{*2}(x)dx + 2\lambda^2 \left|\{x\in\mathbf{R}: u_h^*(x) > \lambda\}\right| \\
&= \int_0^\lambda sm(s)ds + 2\lambda^2 m(\lambda),
\end{aligned}$$

这样我们得到

$$|\{x\in E_\lambda: |v_h(x)|>\lambda\}|\leqslant \frac{1}{\lambda^2}\int_{E_\lambda}|v_h|^2dx$$

$$\leqslant \frac{1}{\lambda^2}\int_0^\lambda sm(s)ds+2m(\lambda),$$

即

$$\mu(\lambda)\leqslant \frac{1}{\lambda^2}\int_0^\lambda sm(s)ds+3m(\lambda).$$

最后我们有

$$\begin{aligned}\int_{-\infty}^{+\infty}|v_h(x)|dx&=\int_0^\infty \mu(\lambda)d\lambda\\ &\leqslant\int_0^\infty\frac{1}{\lambda^2}\int_0^\lambda sm(s)ds+3\int_0^\infty m(\lambda)d\lambda\\ &=\int_0^\infty s\left(\int_s^\infty\frac{1}{\lambda^2}d\lambda\right)m(s)ds+3\int_0^\infty m(\lambda)d\lambda\\ &=\int_0^\infty m(s)ds+3\int_{-\infty}^{+\infty}u_h^*(x)dx=4\int_{-\infty}^{+\infty}u_h^*(x)dx.\end{aligned}$$

定理 (3.1) 获证。

我们现在给出 H^p 空间的实变刻划.

定义 (3.2) 设 $u(x,y)$ 是 $\mathbf{R}_+^{n+1}$ 上的调和函数，我们称 $u\in H^p(\mathbf{R}_+^{n+1})$，如果 $u^*\in L^p(\mathbf{R}^n)$. 此时定义 $\|u\|_{H^p}=\|u^*\|_p$.

为了给出 H^p 空间其它的等价刻划，我们需要引入下面的辅助函数。

定义 (3.3) 设 $u(x,t)$ 是 $\mathbf{R}_+^{n+1}$ 上的调和函数，记

$$|\nabla u(x,t)|^2=\sum_{i=1}^n\left|\frac{\partial u}{\partial x_i}\right|^2+\left|\frac{\partial u}{\partial t}\right|^2.$$

我们定义 u 的 g-函数为

$$g(u)(x)=\left\{\int_0^\infty|\nabla u(x,t)|^2t\,dt\right\}^{1/2}.$$

定义 u 的 S-函数为

$$S_\alpha(u)(x)=\left\{\iint_{\Gamma_\alpha(x)}|\nabla u(y,t)|^2t^{1-n}dy\,dt\right\}^{1/2},$$

其中 $\Gamma_\alpha(x)=\{(y,t)\in \mathbf{R}_+^{n+1}: |x-y|<\alpha t\}$.

定义 u 的 g_λ^*- 函数为

$$g_\lambda^*(u)(x)=\left\{\int_0^\infty\int_{\mathbf{R}^n} t^{1-n}\left(\frac{t}{|x-y|+t}\right)^{\lambda n}|\nabla u(y,t)|^2dydt\right\}^{1/2}.$$

下面的结果给出了 H^p 空间的另一个等价刻划.

定理 (3.4) $u\in H^p(\mathbf{R}_+^{n+1})$的充分必要条件是 $s(u)\in L^p(\mathbf{R}^n)$, 且当 $t\to\infty$时 $u(x,t)\to 0$. 进一步还有

$$\|u\|_{H^p}\sim\|s(u)\|_p.$$

该定理的证明用到实分析中十分精细的估计技术，有兴趣的读者可参看 [15].

作为定理 (3.4) 的推论可以得到:

推论 (3.5) $u\in H^p(\mathbf{R}_+^{n+1})$ 的充分必要条件是$g(u)\in L^p(\mathbf{R}^n)$. 且 $u(x,t)\to 0$, 当 $t\to\infty$时. 进一步还有

$$\|u\|_{H^p}\sim\|g(u)\|_p.$$

这个推论可以由下面的引理和定理 (3.4) 直接得到.

引理 (3.6) 设 u 是 $\mathbf{R}_+^{n+1}$ 上的调和函数,则对于 $0<p<\infty$,

$$\|s(u)\|_p\sim\|g(u)\|_p.$$

引理 (3.6) 的证明依赖于调和函数的性质,其证明可见 [15].

我们还可以得到 H^p 空间的另一个极大函数刻划.

定理 (3.7) $u\in H^p(\mathbf{R}_+^{n+1})$ 的充分必要条件是 $u^+\in L^p(\mathbf{R}^n)$, 其中 $u^+(x)=\sup\limits_{t>0}|u(x,t)|$, 进一步还有

$$\|u\|_{H^p}\sim\|u^+\|_p.$$

定理 (3.7) 的证明可以由以下引理直接得到.

引理 (3.8) 设 u 是 $\mathbf{R}_+^{n+1}$ 上的调和函数,则对于 $0<p<\infty$, $\alpha>0$,

$$\|u^+\|_p\sim\|u_\alpha^*\|_p.$$

这个引理的证明请见[15].

我们曾经指出,“解析的” H^p 空间中的函数, 尽管在逐点收敛和范数收敛的意义下,存在边值函数,但是对于实部而言并不一定存在逐点收敛或范数收敛意义下的边值函数, 而是在分布意义下

存在边值。那么对于实的 H^p 空间是否存在分布意义下的边值函数呢?下面的定理回答了这个问题。

定理 (3.9) 设 $u\in H^p(\mathbf{R}^{n+1}_+)$, 则 $\lim\limits_{t\to 0}u(x,t)=f(x)$ 依缓增广义函数意义下存在,即对于任何 $\varphi\in\mathscr{S}(\mathbf{R}^n)$,

$$\lim_{t\to 0}\int_{\mathbf{R}^n}u(x,t)\varphi(x)dx=\int_{\mathbf{R}^n}f(x)\varphi(x)dx.$$

证明: 实际上我们将在更弱的条件下,即

$$\sup_{t>0}\int_{\mathbf{R}^n}|u(x,t)|^p dx<\infty,$$

推出定理 (3.9)。

显然,当 $p>1$ 时结论是成立的。我们不妨设 $0<p\leqslant 1$, 令

$$u_\delta(x,t)=u(x,t+\delta),\ \delta>0.$$

则由引理(2.5)可知

$$\sup_{t>0}\int_{\mathbf{R}^n}|u_\delta(x,t)|dx\leqslant\sup_{t>0}\int_{\mathbf{R}^n}|u_\delta(x,t)|^p|u_\delta(x,t)|^{1-p}dx$$

$$\leqslant(A\delta)^{-\frac{n}{p}(1-p)}\sup_{t>0}\int_{\mathbf{R}^n}|u_\delta(x,t)|^p dx<\infty.$$

这说明 u_δ 是有限测度的 Poisson 积分,而此有限测度是 $u_\delta(x,t)$ 当 $t\to 0$ 时的弱极限。因为 $u_\delta(x,0)=u(x,\delta)$ 是可积函数,所以

$$\hat{u}_\delta(\xi,t)=\hat{u}_\delta(\xi,0)e^{-2\pi|\xi|t},$$

即

$$\hat{u}(\xi,t+\delta)=\hat{u}_\delta(\xi,0)e^{-2\pi|\xi|t}=\hat{u}_0(\xi)e^{-2\pi|\xi|(t+\delta)},$$

其中 $\hat{u}_0(\xi)$ 是连续函数。又

$$|\hat{u}_0(\xi)|e^{-2\pi|\xi|t}\leqslant\int_{\mathbf{R}^n}|u(x,t)|dx\leqslant At^{-n\left(\frac{1}{p}-1\right)},$$

于是 $|\hat{u}_0(\xi)|\leqslant A|\xi|^N$, $N=n\left(\dfrac{1}{p}-1\right)$. 因此

$$\int_{\mathbf{R}^n}u(x,t)\overline{\varphi(x)}dx=\int_{\mathbf{R}^n}\hat{u}_0(\xi)e^{-2\pi|\xi|t}\hat{\varphi}(\xi)d\xi.$$

所以 $\lim\limits_{t\to 0}u(x,t)=f(x)$在分布意义下成立,其中 f 是缓增广义函数 $\hat{u}_0$ 的逆 Fourier 变换,从而 f 亦是缓增广义函数。

特别值得指出的是边值 f 唯一地确定了 u，因为若 $f=0$，则 $u=0$.

这个定理向我们提出了一个问题：能不能用缓增广义函数的性质来刻划实的 H^p 空间?即能否找到使 f 是实 H^p 空间的某一函数在其分布意义下的边值的充分必要条件?这个问题也说明 Poisson 积分在刻划实的 H^p 空间时并不是必要的. 下面的定理给出了上述问题的完整回答.

定理 (3.10) 设 $0<p<\infty$，对 $f\in\mathscr{S}'(\mathbf{R}^n)$，下述命题是等价的:

(1) $f^+(x)=\sup\limits_{t>0}|f*\varphi_t(x)|\in L^p(\mathbf{R}^n)$，对某个 $\varphi\in\mathscr{S}(\mathbf{R}^n)$ 且 $\int_{\mathbf{R}^n}\varphi(x)dx=1$;

(2) $f_\varphi^*(x)=\sup\limits_{|x-y|<\alpha t}|f*\varphi_t(y)|\in L^p(\mathbf{R}^n)$，$\alpha>0$，$\varphi$ 如 (1);

(3) $G(f)(x)=\sup\limits_{\varphi\in\mathscr{A}}f_\varphi^*(x)\in L^p(\mathbf{R}^n)$，

其中

$$\mathscr{A}=\left\{\varphi\in\mathscr{S}(\mathbf{R}^n):\int_{\mathbf{R}^n}\varphi(x)dx\neq 0\right.$$

且

$$\left.\int_{\mathbf{R}^n}(1+|x|)^{N_0}\left(\sum_{|\alpha|\leqslant N_0}\left|\frac{\partial^\alpha}{\partial x^\alpha}\varphi(x)\right|^2\right)dx\leqslant 1\right\},$$

N_0 是依赖于 p 和维数 n 的常数;

(4) $f(x)=\lim\limits_{t\to 0}u(x,t)$ (在分布意义下)，其中 $u\in H^p(\mathbf{R}_+^{n+1})$.

定理 (3.10) 的证明可看 [15].

现在，我们得到了 H^p 空间的完全实变刻划. 以后如不特殊说明，H^p 空间均指满足定理 (3.10) 的全体 $f\in\mathscr{S}'(\mathbf{R}^n)$.

§4. H^p 空间的原子刻划

我们虽然在 §3 得到了 H^p 空间的实变刻划，但是对 H^p 空间中的分布构造并不很清楚．本节我们将证明：H^p 空间中的分布是由其基本函数(以后称作为原子)作为生成元而得到的，即 H^p 空间的另一个实变刻划——原子 H^p 空间．为了说明这一思想，我们考虑下面的问题：能否给出一组简单的条件以判别一个分布甚至是一个函数，是否属于 H^p 空间？为此，我们先承认在 §6 将要证明的一个重要定理：$H^1(\mathbf{R}^n)$的对偶空间是 BMO $(\mathbf{R}^n)$．即若 $f\in H^1(\mathbf{R}^n)$ 且 f 具有很"好"的性质，则对于每一个 $g\in \mathrm{BMO}(\mathbf{R}^n)$，

$$\left|\int_{\mathbf{R}^n} f(x)g(x)dx\right| \leqslant c\|f\|_{H^1}\|g\|_*.$$

那么 f 具有什么性质才算很"好"以至使上述不等式成立呢？不妨设 f 的支集是方体 Q，而且 $\int_Q f(x)dx=0$．这后一个条件对于 $H^1(\mathbf{R}^n)$ 函数是必要的．要看到这一点，只需要注意到 $f\in H^1(\mathbf{R}^n)$ 则 $R_j(f)\in L^1(\mathbf{R}^n)$，其中 $R_j(j=1,2,\cdots,n)$是第 j 个 Riesz 变换．于是

$$\widehat{R_j(f)}(\xi)=\frac{\xi_j}{|\xi|^{n+1}}\hat{f}(\xi).$$

因为 $R_j(f)\in L^1(\mathbf{R}^n)$，所以 $\hat{f}(\xi)$ 和 $\widehat{R_j(f)}(\xi)$ 都是连续函数．特别地在 $\xi=0$ 时是连续的，从而推出 $\hat{f}(0)=0$ 即$\int_{\mathbf{R}^n}f(x)dx=0$．在这些假设下我们有

$$\begin{aligned}
\int_{\mathbf{R}^n} f(x)g(x)dx &= \int_Q f(x)g(x)dx \\
&= \int_Q f(x)[g(x)-g_Q]dx \\
&\leqslant \left\{\int_Q |f(x)|^2dx\right\}^{1/2}\left\{\int_Q |g(x)-g_Q|^2dx\right\}^{1/2} \\
&\leqslant |Q|^{1/2}\left\{\int_Q |f(x)|^2dx\right\}^{1/2}\left\{\frac{1}{|Q|}\int_Q |g(x)-g_Q|^2dx\right\}^{1/2} \\
&\leqslant |Q|^{1/2}\left\{\int_Q |f(x)|^2dx\right\}^{1/2}\|g\|_*.
\end{aligned}$$

于是只需要 $\|f\|_2\leqslant |Q|^{-\frac{1}{2}}$，就有

$$\left|\int_{\mathbf{R}^n} f(x)g(x)dx\right| \leqslant \|g\|_*.$$

这说明如果 f 满足：(i) $\operatorname{supp} f \subset Q$，$Q$ 是一个方体；(ii) $\int_Q f(x) \cdot dx = 0$；(iii) $\|f\|_2 \leqslant |Q|^{-1/2}$，则 $f \in H^1$，我们还将看到此时 $\|f\|_{H^1} \leqslant 1$. 我们称满足上述条件的函数 f 是一个原子. 现在我们考虑由原子生成的函数的全体，即

$$\left\{ f \in L^1(\mathbf{R}^n) : f(x) = \sum_{j=1}^{\infty} \lambda_j a_j(x), \right.$$

$$\left. \text{其中 } a_j(x) \text{ 是原子}, \sum_{j=1}^{\infty} |\lambda_j| < \infty \right\}$$

可以证明，这个集合中的每一个函数都属于 $H^1(\mathbf{R}^n)$，反之，每一个 $H^1(\mathbf{R}^n)$ 函数都可以分解成 $f(x) = \sum_{j=1}^{\infty} \lambda_j a_j(x)$，其中 $a_j(x)$ 是原子，$\sum_{j=1}^{\infty} |\lambda_j| < \infty$. 如果我们适当地定义上述集合中每一个函数的范数，就得到 $H^1(\mathbf{R}^n)$ 空间的原子刻划.

现在，我们给出原子 $H^p(\mathbf{R}^n)$ 空间的定义，并从原子刻划作为出发点去研究 $H^p(\mathbf{R}^n)$ 空间的性质.

定义 (4.1) 设 $0 < p \leqslant 1 \leqslant q \leqslant \infty$，$p < q$，$s$ 是不小于 $\left[n\left(\frac{1}{p} - 1\right)\right]$ 的整数. 我们称函数 a 是一个中心在 $x_0 \in \mathbf{R}^n$ 的 (p, q, s) 原子，如果

(i) $\operatorname{supp} a \subset Q$，$Q$ 是以 x_0 为中心的方体；

(ii) $\|a\|_q \leqslant |Q|^{1/q - 1/p}$，$q \neq \infty$，或 $\|a\|_\infty \leqslant |Q|^{-\frac{1}{p}}$，$q = \infty$；

(iii) $\int_{\mathbf{R}^n} a(x) x^\alpha dx = 0$，对所有 $0 \leqslant |\alpha| \leqslant s$，$x^\alpha = x_1^{\alpha_1} \cdots x_n^{\alpha_n}$，$|\alpha| = \alpha_1 + \alpha_2 + \cdots + \alpha_n$.

定义 (4.2) 设 $0 < p \leqslant 1 \leqslant q \leqslant \infty$，$p < q$，$s$ 是不小于 $\left[n\left(\frac{1}{p} - 1\right)\right]$ 的整数. 我们定义原子 $H^{p,q,s}(\mathbf{R}^n)$ 空间是所有缓增广义函数 $f \in \mathscr{S}'(\mathbf{R}^n)$ 且具有下述形式：

$$f(x)=\sum_{j=1}^{\infty}\lambda_j a_j(x)\ (\text{在 } \mathscr{S}'(\mathbf{R}^n) \text{ 中成立})$$

的集合，其中每个 a_j 是 (p, q, s) 原子且 $\sum\limits_{j=1}^{\infty}|\lambda_j|^p<\infty$. 同时我们如下定义 $H^{p,q,s}(\mathbf{R}^n)$ 的“范数”：

$$\|f\|_{H^{p,q,s}}=\inf\left\{\left(\sum_{j=1}^{\infty}|\lambda_j|^p\right)^{1/p}：\text{对所有的 } f=\sum_{j=1}^{\infty}\lambda_j a_j\right\}.$$

为了与原子 $H^{p,q,s}(\mathbf{R}^n)$ 空间相区分，我们记 $H^p(\mathbf{R}^n)$ 是§3中用极大函数所定义的 H^p 空间.

定理 (4.3) $H^{p,q,s}(\mathbf{R}^n)\subseteq H^p(\mathbf{R}^n)\subset\mathscr{S}'(\mathbf{R}^n)$，其嵌入是连续的.

证明：要证明 $H^{p,q,s}(\mathbf{R}^n)\subseteq H^p(\mathbf{R}^n)$，只需证明：若 a 是任一个 (p, q, s) 原子，则存在与 a 无关的固定常数 c，使得 $\|a\|_{H^p}\leqslant c$. 因为这样对任意 $f\in H^{p,q,s}(\mathbf{R}^n)$，$f=\sum\limits_{j=1}^{\infty}\lambda_j a_j$，便有

$$\|f\|_{H^p}^p=\left\|\sum_{j=1}^{\infty}\lambda_j a_j\right\|_{H^p}^p\leqslant\sum_{j=1}^{\infty}|\lambda_j|^p\|a_j\|_{H^p}^p$$

$$\leqslant c^p\sum_{j=1}^{\infty}|\lambda_j|^p.$$

对上述不等式中所有 $f=\sum\limits_{j=1}^{\infty}\lambda_j a_j$ 的分解取下确界就得到

$$\|f\|_{H^p}^p\leqslant c^p\|f\|_{H^{p,q,s}}^p.$$

这就证明了 $H^{p,q,s}(\mathbf{R}^n)\subset H^p(\mathbf{R}^n)$ 且嵌入是连续的.

为证明 $\|a\|_{H^p}\leqslant c$ 对任意 (p, q, s) 原子 a 成立，我们不妨设 a 的支集是一个中心在原点的方体 Q，设 $\varphi\in\mathscr{S}(\mathbf{R}^n)$，$\operatorname{supp}\varphi\subset\{x\in\mathbf{R}^n:|x|\leqslant 1\}$ 且 $\int_{\mathbf{R}^n}\varphi(x)dx=1$，因此我们只需要证明存在与 a 无关的固定常数 c，使得

$$\int_{\mathbf{R}^n}a_\varphi^{*p}(x)dx\leqslant c,$$

其中 $a_\varphi^*(x)=\sup\limits_{|x-y|<t}|a*\varphi_t(y)|$,

$$\int_{\mathbf{R}^n}a_\varphi^{*p}(x)dx=\int_{2Q}a_\varphi^{*p}(x)dx+\int_{(2Q)^c}a_\varphi^{*p}(x)dx=I+II.$$

对于 I，注意到非切向极大函数的强 (q, q) 型结果，$1<q<\infty$，我们得到

$$\int_{2Q}a_\varphi^{*p}(x)dx\leqslant c|Q|^{\left(1-\frac{p}{q}\right)}\left(\int_{2Q}a_\varphi^{*q}(x)dx\right)^{\frac{p}{q}}$$

$$\leqslant c|Q|^{\left(1-\frac{p}{q}\right)}\left(\int_{\mathbf{R}^n}a_\varphi^{*q}(x)dx\right)^{\frac{p}{q}}\leqslant c|Q|^{\left(1-\frac{p}{q}\right)}\|a\|_q^p$$

$$\leqslant c|Q|^{\left(1-\frac{p}{q}\right)}|Q|^{\left(\frac{1}{q}-\frac{1}{p}\right)p}=c.$$

对于 II，我们断言：当 $x\notin 2Q$ 时，

$$a_\varphi^*(x)\leqslant c|x|^{-N-1-n}|Q|^{\frac{N+1}{n}+1-\frac{1}{p}},$$

其中 $N=\left[n\left(\frac{1}{P}-1\right)\right]$. 若断言成立，并注意到 $P(n+N+1)>P\left[n+n\left(\frac{1}{P}-1\right)\right]=nP+n-nP=n$，则

$$\int_{(2Q)^c}a_\varphi^{*P}(x)dx\leqslant c|Q|^{\frac{N+1}{n}P+P-1}\int_{x\notin 2Q}\frac{dx}{|x|^{P(n+N+1)}}$$

$$\leqslant c|Q|^{\frac{N+1}{n}P+P-1}|Q|^{\frac{1}{n}[n-P(n+N+1)]}=c$$

为证明断言，利用原子的消失矩条件，我们有

$$a*\varphi_t(y)=\int_{\mathbf{R}^n}a(\xi)t^{-n}\varphi\left(\frac{y-\xi}{t}\right)d\xi$$

$$=\int_{\mathbf{R}^n}a(\xi)t^{-n}\left[\varphi\left(\frac{y-\xi}{t}\right)-P_N\left(\frac{y}{t}\right)\right]d\xi,$$

其中 $N=\left[n\left(\frac{1}{P}-1\right)\right]$，$P_N$ 是 φ 在 0 点的 N 阶 Taylor 展开多项式. 因此

$$|a*\varphi_t(y)|\leqslant c\int_Q|a(\xi)|\frac{|\xi|^{N+1}}{t^{n+N+1}}d\xi.$$

注意到当 $x\notin 2Q$ 时，由 $|x-y|<t$，$|y-\xi|<t$ 以及 $\xi\in Q$ 可以推出 $t\geqslant c|x|$，其中 c 是一个固定常数. 所以当 $|x-y|<$

t时

$$|a*\varphi_t(y)|\leqslant c|x|^{-N-1-n}|Q|^{\frac{N+1}{n}}\int_Q|a(\xi)|d\xi$$
$$\leqslant c|x|^{-N-1-n}|Q|^{\frac{N+1}{n}}|Q|^{1/q'}\cdot\|a\|_q$$
$$\leqslant c|x|^{-N-1-n}|Q|^{\frac{N+1}{n}}|Q|^{1/q'}|Q|^{1/q-1/p}$$
$$=c|x|^{-N-1-n}|Q|^{\frac{N+1}{n}+1-\frac{1}{p}}.$$

至此，我们已经证明了 $\|a\|_{H^p}\leqslant c$，其中 c 是与 a 无关的常数.

为证明 $H^p(\mathbf{R}^n)\subset\mathscr{S}'(\mathbf{R}^n)$，设 $f\in H^p(\mathbf{R}^n)$，对任意 $\varphi\in\mathscr{S}(\mathbf{R}^n)$，$\tilde{\varphi}(x)=\varphi(-x)$，则

$$\left|\int_{\mathbf{R}^n}f(x)\varphi(x)dx\right|=|f*\tilde{\varphi}(0)|\leqslant f^*_{\tilde{\varphi}}(y),\ |y|<1.$$

因此，

$$\left|\int_{\mathbf{R}^n}f(x)\varphi(x)dx\right|^p\leqslant c\int_{|y|\leqslant 1}f^{*p}_{\tilde{\varphi}}(y)dy$$
$$\leqslant c\int_{\mathbf{R}^n}f^{*p}_{\tilde{\varphi}}(y)dy\leqslant c(\tilde{\varphi})\|f\|^p_{H^p}.$$

这就证明了如果在 $H^p(\mathbf{R}^n)$ 中 f_n 收敛到 f，则 $\int_{\mathbf{R}^n}f_n\varphi\to\int_{\mathbf{R}^n}f\varphi$ 对所有 $\varphi\in\mathscr{S}(\mathbf{R}^n)$ 成立，从而 $H^p(\mathbf{R}^n)\subset\mathscr{S}'(\mathbf{R}^n)$ 且嵌入是连续的.

定理 (4.4) $H^{p,q,s}(\mathbf{R}^n)$ 和 $H^p(\mathbf{R}^n)$ 是完备的.

证明: 我们先证明 $H^p(\mathbf{R}^n)$ 是完备的. 只需要证明如果 $\{f_j\}_{j=1}^\infty\in H^p(\mathbf{R}^n)$，且 $\sum_{j=1}^\infty\|f_j\|^p_{H^p}<\infty$，则 $\sum_{j=1}^\infty f_j$ 在 $H^p(\mathbf{R}^n)$ 中收敛. 考虑 $\sum_{j=1}^N f_j$，$(N=1,2,\cdots)$，它是 $H^p(\mathbf{R}^n)$ 中的 Cauchy 列，而 $H^p(\mathbf{R}^n)\subset\mathscr{S}'(\mathbf{R}^n)$ 连续嵌入，所以 $\sum_{j=1}^N f_j$ 是 $\mathscr{S}'(\mathbf{R}^n)$ 中的 Cauchy 列，$\sum_{j=1}^\infty f_j=f\in\mathscr{S}'(\mathbf{R}^n)$，而

$$\|f\|_{H^p}^p \leqslant \sum_{i=1}^{\infty} \|f_i\|_{H^p}^p < \infty,$$

所以 $f \in H^p(\mathbf{R}^n)$. 类似地有

$$\|f - \sum_{i=1}^{N} f_i\|_{H^p}^p \leqslant \sum_{i=N+1}^{\infty} \|f_i\|_{H^p}^p \to 0,\ \text{当} N \to \infty \text{时}.$$

这就证明了 $f = \sum_{i=1}^{\infty} f_i$ 在 $H^p(\mathbf{R}^n)$ 中收敛.

我们现在证明 $H^{p,q,s}(\mathbf{R}^n)$ 的完备性. 设 $\{f_n\}_{n=1}^{\infty} \in H^{p,q,s}(\mathbf{R}^n)$ 且 $\sum_{n=1}^{\infty} \|f_n\|_{H^{p,q,s}}^p < \infty$, 由前面的证明可知 $\{f_n\}_{n=1}^{\infty} \in H^p(\mathbf{R}^n)$ 且 $\sum_{n=1}^{\infty} \|f_n\|_{H^p}^p < \infty$,因此存在 $f \in H^p(\mathbf{R}^n)$ 使得 $f = \sum_{n=1}^{\infty} f_n$. 由于 $f_n \in H^{p,q,s}(\mathbf{R}^n)$, 所以存在 f_n 的一个原子分解 $f_n = \sum_{i=1}^{\infty} \lambda_i^n a_i^n$ 使得

$$\sum_{i=1}^{\infty} |\lambda_i^n|^p \leqslant \|f_n\|_{H^{p,q,s}}^p + \frac{1}{2^n},$$

这样 $f = \sum_{n=1}^{\infty} f_n = \sum_{n=1}^{\infty} \sum_{i=1}^{\infty} \lambda_i^n a_i^n$ 就是 f 的一个原子分解. 为看到这一点,我们只需验证 $\sum_{n=1}^{\infty} \sum_{i=1}^{\infty} |\lambda_i^n|^p \leqslant \sum_{n=1}^{\infty} \left(\|f_n\|_{H^{p,q,s}}^p + \frac{1}{2^n} \right) \leqslant \sum_{n=1}^{\infty} \|f_n\|_{H^{p,q,s}}^p + 1 < \infty$. 显然, $\sum_{n=1}^{N} \sum_{i=1}^{\infty} \lambda_i^n a_i^n$ 在 $H^{p,q,s}(\mathbf{R}^n)$ 中收敛于 f. 这就证明了 $H^{p,q,s}(\mathbf{R}^n)$ 是完备的.

为了证明 $H^p(\mathbf{R}^n) \subset H^{p,q,s}(\mathbf{R}^n)$, 我们引进下面的 Lusin 面积积分,即所谓的 S-函数:

定义 (4.5) 设 $\phi \in C_0^{\infty}(\mathbf{R}^n)$, $\int_{\mathbf{R}^n} \phi(x) x^{\alpha} dx = 0$ 对一切 $0 \leqslant |\alpha| < \infty$ 成立. 进一步还满足 $\int_0^{\infty} |\hat{\phi}(t\xi)|^2 \frac{dt}{t} = 1$ 对所有 $\xi \neq 0$

成立. 对任意 $f\in\mathscr{S}'(\mathbf{R}^n)$, 我们定义 f 的 S-函数:

$$S(f)(x)=\left\{\iint_{\Gamma(x)}|f*\psi_t(y)|^2\frac{dydt}{t^{n+1}}\right\}^{1/2},$$

其中 $\Gamma(x)=\{(y,t)\in\mathbf{R}_+^{n+1}:|x-y|<t\}$.

利用§3中的方法可以证明:

定理 (4.6) 设 $f\in\mathscr{S}'(\mathbf{R}^n)$, 则 $f\in H^p(\mathbf{R}^n)$ 的充分必要条件是 $S(f)\in L^p(\mathbf{R}^n)$ 且 f 在无穷远处弱为 0, 即对任意 $\varphi\in\mathscr{S}(\mathbf{R}^n)$' 当 $t\to+\infty$ 时在 $\mathscr{S}'(\mathbf{R}^n)$ 中有 $f*\varphi_t(x)\to0$.

我们要证明的结果是

定理 (4.7) 设 $f\in\mathscr{S}'(\mathbf{R}^n)$, 则 $f\in H^{p,2,s}(\mathbf{R}^n)$ 的充分必要条件是 $S(f)\in L^p(\mathbf{R}^n)$ 且 f 在无穷远处弱为 0, 进一步还有

$$\|f\|_{H^{p,2,s}}\sim\|S(f)\|_p.$$

证明: 首先我们证明,若 $f\in H^{p,2,s}(\mathbf{R}^n)$,则 $S(f)\in L^p(\mathbf{R}^n)$ 且 f 在无穷远处弱为 0, 即在 $\mathscr{S}'(\mathbf{R}^n)$ 中对任意 $\varphi\in\mathscr{S}(\mathbf{R}^n)$, $f*\varphi_t(x)\to0$, 当 $t\to\infty$时. 因为我们已经证明了 $H^{p,2,s}(\mathbf{R}^n)\subset H^p(\mathbf{R}^n)$, 所以对一切 $\varphi\in\mathscr{S}(\mathbf{R}^n)$, $\int_{\mathbf{R}^n}\varphi(x)dx\neq0$, $|x-y|<t$,

$$|f*\varphi_t(y)|\leqslant f_\varphi^*(x).$$

于是

$$\int_{|x-y|<t}|f*\varphi_t(y)|^pdx\leqslant\int_{|x-y|<t}f_\varphi^{*p}(x)dx$$
$$\leqslant\int_{\mathbf{R}^n}f_\varphi^{*p}(x)dx\leqslant c\|f\|_{H^{p,2,s}}^p,$$

因此

$$|f*\varphi_t(y)|\leqslant\frac{c}{t^{n/p}}\|f\|_{H^{p,2,s}}.$$

令 $t\to\infty$得到$f*\varphi_t\to0$. 显然,由此可得对任意 $\varphi\in\mathscr{S}(\mathbf{R}^n)$, 都有当 $t\to\infty$时 $f*\varphi_t\to0$ (在 $\mathscr{S}'(\mathbf{R}^n)$ 中). 这就证明了 f 在无穷远处弱为 0.

要证明 $S(f)\in L^p(\mathbf{R}^n)$, 我们只需要证明对任意一个 $(p,2,s)$ 原子 a, 存在与原子 a 无关的常数 c , 使得

$$\|S(a)\|_p \leqslant c.$$

不失一般性，我们可以假设 a 是一个支集为以原点为中心的方体 Q 上的原子. 于是

$$\|S(a)\|_p^p = \int_{\mathbf{R}^n} S^p(a)(x)dx = \int_{2Q} S^p(a)(x)dx$$

$$+ \int_{(2Q)^c} S^p(a)(x)dx = \mathrm{I} + \mathrm{II}.$$

对于 I，由 S-函数的强 (2, 2) 型结果，我们有

$$\mathrm{I} \leqslant c|Q|^{\left(1-\frac{p}{2}\right)}\left(\int_{2Q} S^2(a)(x)dx\right)^{\frac{p}{2}}$$

$$\leqslant c|Q|^{\left(1-\frac{p}{2}\right)}\|a\|_2^p \leqslant c|Q|^{\left(1-\frac{p}{2}\right)}|Q|^{\left(\frac{1}{2}-\frac{1}{p}\right)p} = c.$$

对于 II，我们要证明下面的逐点估计：当 $x \notin 2Q$，$\frac{n}{n+1} < p \leqslant 1$ 时，

$$S(a)(x) \leqslant c|Q|^{\left(\frac{1}{n}+1-\frac{1}{p}\right)}|x|^{-(n+1)}.$$

因为

$$S^2(a)(x) = \int_0^\infty \int_{\mathbf{R}^n} \chi\left(\frac{x-y}{t}\right)|a * \phi_t(y)|^2 \frac{dydt}{t^{n+1}}.$$

注意到 $a * \phi_t(y) = \int_Q a(\xi)t^{-n}\phi\left(\frac{y-\xi}{t}\right)d\xi$，$\mathrm{supp}\phi \subset \{x \in \mathbf{R}^n: |x| \leqslant 1\}$，所以当 $x \notin 2Q$，$\xi \in Q$ 以及 $|x-y| < t$ 时，可以推出 $2t \geqslant |x-y| + |y-\xi| \geqslant |x-\xi| \geqslant \frac{1}{2}|x|$，即 $t \geqslant \frac{1}{4}|x|$ 再利用 a 的消失矩条件，有

$$S^2(a)(x) = \int_{\frac{1}{4}|x|}^\infty \int_{\mathbf{R}^n} \chi\left(\frac{x-y}{t}\right)\left|\int_Q a(\xi)t^{-n} \times \left[\phi\left(\frac{y-\xi}{t}\right) - \phi\left(\frac{y}{t}\right)\right]d\xi\right|^2 \frac{dydt}{t^{n+1}}$$

$$\leqslant c\int_{\frac{1}{4}|x|}^\infty \int_{\mathbf{R}^n} \chi\left(\frac{x-y}{t}\right)\left(\int_Q |a(\xi)|\frac{|\xi|}{t^{n+1}}d\xi\right)^2 \frac{dydt}{t^{n+1}}$$

$$\leqslant c\int_{\frac{1}{4}|x|}^\infty \frac{dt}{t^{2n+3}}\left(\int_Q |a(\xi)||\xi|d\xi\right)^2$$

$$\leqslant c\frac{1}{|x|^{2n+2}}\left(\int_Q |a(\xi)||\xi|d\xi\right)^2.$$

这样我们就证明了当 $x \notin 2Q$，$\frac{n}{n+1}<p\leqslant 1$ 时，

$$S(a)(x)\leqslant c|x|^{-(n+1)}\left(\int_Q |a(\xi)||\xi|d\xi\right)$$

$$\leqslant c|x|^{-(n+1)}|Q|^{\frac{1}{n}+\frac{1}{2}}\|a\|_2\leqslant c|Q|^{\left(\frac{1}{n}+1-\frac{1}{p}\right)}|x|^{-(n+1)}.$$

注意到 $\frac{n}{n+1}<p\leqslant 1$，

$$\int_{(2Q)^C} S^p(a)(x)dx\leqslant c|Q|^{\left(\frac{p}{n}+p-1\right)}\int_{(2Q)^C}\frac{dx}{|x|^{(n+1)p}}$$

$$\leqslant c|Q|^{\left(\frac{p}{n}+p-1\right)}|Q|^{\frac{1}{n}[n-(n+1)p]}=c.$$

对于一般的 $\frac{n}{n+K+1}<p\leqslant\frac{n}{n+K}$，我们利用 a 满足的高阶消失矩条件，类似地可以证明下面的估计：当 $x\notin 2Q$，$\frac{n}{n+K+1}<p\leqslant\frac{n}{n+K}$时，有

$$S(a)(x)\leqslant c|Q|^{\left(\frac{K+1}{n}+1-\frac{1}{p}\right)}|x|^{-(n+K+1)}.$$

这样我们依然得到

$$\int_{(2Q)^c} S^p(a)(x)dx\leqslant c.$$

为证明定理(4.7)的充分性，我们需要下面 Calderón 表示定理的一个简单形式.

定理(4.8) (Calderón 表示定理) 设 ψ 如定义(4.5)，则对在无穷远处弱为 0 的 $f\in\mathscr{S}'(\mathbf{R}^n)$，有

$$\int_\varepsilon^A f*\phi_t*\psi_t(x)\ \frac{dt}{t}\to f(x)$$

(在 $\mathscr{S}'(\mathbf{R}^n)$ 中)当 $\varepsilon\to 0$，$A\to\infty$时.

证明：令 $\alpha=\int_0^1\phi_t*\phi_t(x)\ \frac{dt}{t}$，$\beta=\int_1^\infty\phi_t*\phi_t(x)\ \frac{dt}{t}$.
由$\int\phi(x)dx=0$，有

$$\hat{\alpha}(\xi)=\int_0^1\hat{\phi}(t\xi)\hat{\phi}(t\xi)\ \frac{dt}{t}.$$

所以 $\hat{\alpha}\in c^\infty$ 且 $\hat{\alpha}(0)=0$，因为 $\phi\in\mathscr{S}(\mathbf{R}^n)$，所以当 $|\xi|\geqslant c>0$ 时，$\int_1^\infty\hat{\phi}(t\xi)\hat{\phi}(t\xi)\ \frac{dt}{t}$ 以及它的偏微商当 $|\xi|\to\infty$ 时一致收敛且递降，换言之，在除去原点之外，$\hat{\beta}\in\mathscr{S}(\mathbf{R}^n\backslash\{0\})$. 但由于 $\hat{\beta}=1-\hat{\alpha}$，所以 $\hat{\beta}$ 在 $\xi=0$ 处仍然是光滑的. 这就证明了 $\hat{\beta}\in\mathscr{S}(\mathbf{R}^n)$，从而推出 $\beta\in\mathscr{S}(\mathbf{R}^n)$. 同时

$$\int\beta dx=1-\int\alpha dx=1-\hat{\alpha}(0)=1,$$

注意到对 $s>0$，有

$$\beta_s=\int_1^\infty\phi_{st}*\phi_{st}\ \frac{dt}{t}=\int_s^\infty\phi_t*\phi_t\ \frac{dt}{t}.$$

因此，

$$\int_\varepsilon^A\phi_t*\phi_t\ \frac{dt}{t}=\beta_\varepsilon-\beta_A.$$

如果 $f\in\mathscr{S}'(\mathbf{R}^n)$，则 $\int_\varepsilon^A f*\phi_t*\phi_t\ \frac{dt}{t}=\beta_\varepsilon*f-\beta_A*f$. 因为 $\beta\in\mathscr{S}(\mathbf{R}^n)$ 且 $\int_{\mathbf{R}^n}\beta dx=1$，所以 $f*\beta_\varepsilon\to f$，当 $\varepsilon\to0$ 时，又因为 f 在无穷远处弱为 0，所以 $f*\beta_A\to0$，当 $A\to\infty$ 时. 这就证明了定理 (4.8).

现在我们证明定理 (4.5) 的充分性. 设 $f\in\mathscr{S}'(\mathbf{R}^n)$ 且在无穷远处弱为 0，则由定理 (4.8)，

$$f(x)=\int_0^\infty\int_{\mathbf{R}^n}f*\phi_t(y)\phi_t(x-y)\ \frac{dydt}{t}.$$

令 $\Omega_k=\{x\in\mathbf{R}^n:S(f)(x)>2^k\}$，$k\in\mathbf{Z}$，$\mathscr{B}$ 是所有 $\mathbf{R}^n$ 中二进方体集合，$\mathscr{B}_k=\Big\{Q\in\mathscr{B}$，$|Q\cap\Omega_k|>\frac{1}{2}|Q|$，$|Q\cap\Omega_{k+1}|\leqslant$

$\frac{1}{2}|Q|\}$. 显然，对任意 $Q\in\mathscr{B}$，存在唯一的 $k\in\mathbf{Z}$ 使得 $Q\in\mathscr{B}_k$。令 $\mathscr{B}_k^c=\{Q\in\mathscr{B}_k$: 若 $Q\subsetneq Q'\in\mathscr{B}$，则 $Q'\notin\mathscr{B}_k\}$，换言之，$\mathscr{B}_k^c$ 是 $\mathscr{B}_k$ 中极大的二进方体. 记 $\tilde{Q}=\{(y,t)\in\mathbf{R}_+^{n+1}$: $y\in Q$, $l(Q)<t\leqslant 2l(Q)\}$，$l(Q)$ 表示为 Q 的边长. 显然

$$\mathbf{R}_+^{n+1}=\bigcup_k\bigcup_c\bigcup_{Q\subseteq Q_k^c\in\mathscr{B}_k^c}\tilde{Q}.$$

因此

$$\begin{aligned}f(x)&=\sum_k\sum_c\int_{\substack{\cup\tilde{Q}\\ Q\subseteq Q_k^c\in\mathscr{B}_k^c}}f*\phi_t(y)\phi_t(x-y)\frac{dydt}{t}\\&=\sum_k\sum_c\lambda_{kc}a_{kc},\end{aligned}$$

其中 $\lambda_{kc}=|Q_k^c|^{\left(\frac{1}{p}-\frac{1}{2}\right)}\left\{\iint_{\substack{\cup\tilde{Q}\\ Q\subset Q_k^c\in\mathscr{B}_k^c}}|f*\phi_t(y)|^2\frac{dydt}{t}\right\}^{1/2}$，

$$a_{kc}=|Q_k^c|^{\left(\frac{1}{2}-\frac{1}{p}\right)}\int_{\substack{\cup\tilde{Q}\\ Q\subset Q_k^c\in\mathscr{B}_k^c}}f*\phi_t(y)\phi_t(x-y)\frac{dydt}{t}\cdot$$

$$\left\{\iint_{\substack{\cup\tilde{Q}\\ Q\subset Q_k^c\in\mathscr{B}_k^c}}|f*\phi_t(y)|^2\frac{dydt}{t}\right\}^{-\frac{1}{2}}.$$

注意到 $\operatorname{supp}\phi\subset\{x\in\mathbf{R}^n:|x|\leqslant 1\}$，所以当 $(y,t)\in\tilde{Q}$，$Q\subseteq Q_k^c\in\mathscr{B}_k^c$ 时，$y\in Q\subset Q_k^c$，$t\leqslant 2l(Q)\leqslant 2l(Q_k^c)$. 因此 $|x-x_0|\leqslant|x-y|+|y-x_0|\leqslant t+|y-x_0|\leqslant 2l(Q_k^c)+\frac{1}{2}l(Q_k^c)=2\frac{1}{2}l(Q_k^c)$，其中 x_0 是 Q_k^c 的中心，$\operatorname{supp}Q_k^c\subseteq 5Q_k^c$. 另外，

$$\begin{aligned}\|a_k^c\|_2&=\sup_{\|b\|_2\leqslant 1}\left|\int_{\mathbf{R}^n}a_k^c(x)b(x)dx\right|\\&\leqslant\sup_{\|b\|_2\leqslant 1}\left|\int_0^\infty\int_{\mathbf{R}^n}f*\phi_t(y)b*\phi_t(y)\cdot\chi(\tilde{\tilde{Q}}_k^c)\frac{dydt}{t}\right|\\&\quad|Q_k^c|^{\left(\frac{1}{2}-\frac{1}{p}\right)}\left\{\iint_{\tilde{\tilde{Q}}_k^c}|f*\phi_t(y)|^2\frac{dydt}{t}\right\}^{-\frac{1}{2}},\end{aligned}$$

其中 $\tilde{\tilde{Q}}_k^e = \{(y, t) \in \mathbb{R}_+^{n+1}: y \in Q_k^e, 0 < t \leqslant 2l(Q_k^e)\}$. 于是

$$\|a_k^e\|_2 \leqslant |Q_k^e|^{\left(\frac{1}{2}-\frac{1}{p}\right)} \sup_{\|b\|_2 \leqslant 1} \left\{\iiint_{\tilde{\tilde{Q}}_k^e} |f * \psi_t(y)|^2 \frac{dydt}{t}\right\}^{1/2}$$

$$\left\{\iiint_{\tilde{\tilde{Q}}_k^e} |b * \psi_t(y)|^2 \frac{dydt}{t}\right\}^{1/2} \cdot \left\{\iiint_{\tilde{\tilde{Q}}_k^e} |f * \psi_t(y)|^2 \frac{dydt}{t}\right\}^{-\frac{1}{2}}$$

$$\leqslant |Q_k^e|^{\left(\frac{1}{2}-\frac{1}{p}\right)} \sup_{\|b\|_2 \leqslant 1} \|S(b)\|_2 \leqslant |Q_k^e|^{\left(\frac{1}{2}-\frac{1}{p}\right)} \sup_{\|b\|_2 \leqslant 1} \|b\|_2$$

$$\leqslant |Q_k^e|^{\left(\frac{1}{2}-\frac{1}{p}\right)}.$$

至于 a_k^e 的消失矩条件可以由 ψ 的消失矩条件直接得到. 这就证明了 a_k^e 是一个 $(p, 2, s)$ 原子.

最后,为了估计 $\sum_k \sum_e |\lambda_{ke}|^p$, 我们需要下面的引理.

引理 (4.9) 设 $\mathscr{B}_k$ 如上述,则

$$\sum_{Q \in \mathscr{B}_k} \iint_{\tilde{Q}} |f * \psi_t(y)|^2 \frac{dydt}{t} \leqslant c \cdot 2^{2k} |\Omega_k|.$$

证明: 我们有

$$\int_{\tilde{\Omega}_k \backslash \Omega_{k+1}} S^2(f)(x) dx \leqslant 2^{2(k+1)} |\tilde{\Omega}_k| \leqslant c 2^{2k} |\Omega_k|,$$

其中 $\tilde{\Omega}_k = \left\{x \in \mathbf{R}^n: M(\chi_{\Omega_k})(x) > \dfrac{1}{2}\right\}$. 而另一方面我们有

$$\int_{\tilde{\Omega}_k \backslash \Omega_{k+1}} S^2(f)(x) dx = \int_0^\infty \int_{\mathbf{R}^n} |f * \psi_t(y)|^2 | \cdot |\{x \in \tilde{\Omega}_k \backslash \Omega_{k+1}: |x-y| < t\}| \frac{dydt}{t^{n+1}}$$

$$\geqslant \sum_{Q \in \mathscr{B}_k} \iint_{\tilde{Q}} |f * \psi_t(y)|^2 \cdot |\{x \in \tilde{\Omega}_k \backslash \Omega_{k+1}: |x-y| < t\}| \frac{dydt}{t^{n+1}}.$$

显然,若 $x \in Q$,则对一切 $(y, t) \in \tilde{Q}$,都有 $(y, t) \in \Gamma(x)$. 因此,当$(y, t) \in \tilde{Q}$ 时, $|\{x \in \tilde{\Omega}_k \backslash \Omega_{k+1}: |x-y| < t\}| \geqslant |Q \cap (\tilde{\Omega}_k \backslash \Omega_{k+1})| = |Q \cap \tilde{\Omega}_k| - |Q \cap \Omega_{k+1}|$. 若 $Q \in \mathscr{B}_k$, 有 $Q \subset \tilde{\Omega}_k$ 且

$|Q \cap \Omega_{k+1}| \leqslant \frac{1}{2}|Q|$，所以

$$|Q \cap (\tilde{\Omega}_k \backslash \Omega_{k+1})| \geqslant |Q| - \frac{1}{2}|Q| = \frac{1}{2}|Q| \geqslant ct^n,$$

其中 c 是一个固定常数。这样我们就证明了

$$\int_{\tilde{\Omega}_k \backslash \Omega_{k+1}} S^2(f)(x)dx \geqslant c \sum_{Q \in \mathscr{B}_k} \iint_{\hat{Q}} |f * \psi_t(y)|^2 \frac{dydt}{t}.$$

综合上面不等式，我们得到

$$\sum_{Q \in \mathscr{B}_k} \iint_{\hat{Q}} |f * \psi_t(y)|^2 \frac{dydt}{t} \leqslant c2^{2k}|\Omega_k|.$$

由引理 (4.9) 我们可以如下估计 $\sum_k \sum_e |\lambda_{ke}|^p$:

$$\sum_k \sum_e |\lambda_{ke}|^p = \sum_k \sum_e |Q_k^e|^{(1-\frac{p}{2})} \left\{ \iint_{\hat{\tilde{Q}}_k^e} |f * \psi_t(y)|^2 \frac{dydt}{t} \right\}^{\frac{p}{2}}$$

$$\leqslant \sum_k \left\{ \left(\sum_e |Q_k^e| \right)^{(1-\frac{p}{2})} \right\} \left\{ \sum_e \iint_{\hat{\tilde{Q}}_k^e} |f * \psi_t(y)|^2 \frac{dydt}{t} \right\}^{\frac{p}{2}}$$

$$\leqslant c \sum_k \{|\Omega_k|^{(1-\frac{p}{2})}\} \left\{ \sum_{Q \in \mathscr{B}_k} \iint_{\hat{Q}} |f * \psi_t(y)|^2 \frac{dydt}{t} \right\}^{p/2}$$

$$\leqslant c \sum_k |\Omega_k|^{(1-\frac{p}{2})} (2^{2k}|\Omega_k|)^{\frac{p}{2}} \leqslant c \sum_k 2^{kp}|\Omega_k|$$

$$\leqslant c\|S(f)\|_p^p.$$

这就证明了 $f = \sum_k \sum_e \lambda_{ke} a_{ke} \in H^{p,2,s}(\mathbf{R}^n)$ 且

$$\|f\|_{H^{p,2,s}} \leqslant c\|S(f)\|_p.$$

对于一般的 $H^{p,q,s}(\mathbf{R}^n)$ 空间，有下面重要的定理：

定理 (4.10) 设 $0 < p \leqslant 1 \leqslant q \leqslant \infty$, $p < q$, s 是不小于 $\left[n\left(\frac{1}{P} - 1\right)\right]$ 的整数，则 $H^{p,q,s}(\mathbf{R}^n) = H^{p,\infty,[n(\frac{1}{p}-1)]}(\mathbf{R}^n)$ 且这些空间的范数是等价的。

这个定理的证明是利用更加精细的 Calderón-Zygmund 分解而得到的。有兴趣的读者可看 [16]。

由定理 (4.7) 和定理 (4.10) 我们得到如下推论:

推论 (4.11) 设 p, q, s 如定理 (4.10), 则 $H^p(\mathbf{R}^n) = H^{p,q,s}(\mathbf{R}^n)$ 且这些空间的范数是等价的.

从上述定理的证明可以看到,用原子刻划 H^p 空间,不但能够给出已有结果一个相当简捷的证明,而且可以得到许多新结果.特别是原子分解技术可以用于研究许多其它空间.

§5. H^p 空间的分子刻划

在 §4 我们利用原子给出了 $H^p(\mathbf{R}^n)$ 空间的一个实变刻划.尽管原子十分简单,但在许多情况下函数本身并不具有紧支集,如何去判断这类函数是否属于 $H^p(\mathbf{R}^n)$? 换言之,我们能不能去掉紧支集条件,给出函数属于 $H^p(\mathbf{R}^n)$ 空间尽可能简单的充分条件? 这个问题还具有更为重要的应用意义. 我们将在第五章中看到一些经典算子在 H^p 上是有界的,但是原子在算子作用之后一般而言就不再具有紧支集性质,也就不再是一个原子了. 所以我们要解决的问题与判断算子在 $H^p(\mathbf{R}^n)$ 上是否有界的问题是密切相关的.

定义 (5.1) 设 $0 < p \leqslant 1 < q < \infty$, $a = 1 - \frac{1}{p} + \varepsilon, b = 1 - \frac{1}{q} + \varepsilon$, $\varepsilon > \max\left(\frac{s}{n}, \left(\frac{1}{p} - 1\right)\right)$, s 是不小于 $\left[n\left(\frac{1}{p}-1\right)\right]$ 的整数. 我们称函数 $M \in L^q(\mathbf{R}^n)$ 是一个中心在 $x_0 \in \mathbf{R}^n$ 的 (p, q, s, ε) 分子,如果

(1) $\|M\|_q^{a/b} \|M(\cdot)|\cdot - x_0|^{nb}\|_q^{1-a/b} \equiv N(M) < \infty$;

(2) $\int_{\mathbf{R}^n} M(x)x^\alpha dx = 0$, 对 $0 \leqslant |\alpha| \leqslant s$ 成立.

下面的定理说明分子属于 $H^p(\mathbf{R}^n)$ 空间.

定理 (5.2) 设 p, q, s, ε 如定义 (5.1), M 是一个(p, q, s, ε) 分子,则 $M \in H^{p,q,s}(\mathbf{R}^n)$ 且

$$\|M\|_{H^{p,q,s}} \leqslant cN(M).$$

定理 (5.2) 的证明可看 [17].

显然，任何一个原子也是一个分子. 这样我们就可以给出 $H^p(\mathbf{R}^n)$ 空间的分子刻划.

定理 (5.3) 设 $0 < p \leqslant 1 < q < \infty$, 则 $f \in H^p(\mathbf{R}^n)$ 的充分必要条件是 $f = \sum_{j=1}^{\infty} \lambda_j a_j$, 其中每个 a_j 是 (p, q, s, ε) 分子且 $N(a_j) \leqslant c$, c 与 a_j 无关. 同时 $\sum_{j=1}^{\infty} |\lambda_j|^p < \infty$. 进一步还有

$$\|f\|_{H^p} \sim \inf\left\{\left(\sum_{j=1}^{\infty} |\lambda_j|^p\right)^{1/p} : \text{对所有} f = \sum_{j=1}^{\infty} \lambda_j a_j\right\}.$$

我们将在第五章给出这些结果的应用.

§6. H^p 空间的对偶空间

我们首先考虑 $H^1(\mathbf{R}^n)$ 的对偶空间.

定理 (6.1) $(H^1)^* = \mathrm{BMO}$.

证明: 首先我们证明 $\mathrm{BMO} \subseteq (H^1)^*$. 设 $g \in \mathrm{BMO}(\mathbf{R}^n)$, 令 $g_N(x) = \begin{cases} g(x), & \text{如果 } |g(x)| \leqslant N \\ N \operatorname{sgn} g(x), & \text{如果 } |g(x)| > N \end{cases}$ 则 $g_N(x) \in L^\infty(\mathbf{R}^n)$. 对任意 $f \in H^1(\mathbf{R}^n)$, 我们有 $f(x) = \sum_{j=1}^{\infty} \lambda_j a_j(x)$, 其中 a_j 是 $(1, 2, 0)$ 原子, $\sum_{j=1}^{\infty} |\lambda_j| < \infty$. 因此

$$\left|\int_{\mathbf{R}^n} g_N(x) f(x) dx\right| = \left|\int_{\mathbf{R}^n} g_N(x) \sum_{j=1}^{\infty} \lambda_j a_j(x) dx\right|$$

$$\leqslant \sum_{j=1}^{\infty} |\lambda_j| \left|\int_{\mathbf{R}^n} g_N(x) a_j(x) dx\right|$$

$$=\sum_{j=1}^{\infty}|\lambda_j|\left|\int_{Q_j}[g_N(x)-(g_N)_{Q_j}]a_j(x)dx\right|$$

$$\leqslant\sum_{j=1}^{\infty}|\lambda_j||Q_j|^{1/2}\left\{\frac{1}{|Q_j|}\int_{Q_j}|g_N(x)-(g_N)_{Q_j}|^2dx\right\}^{1/2}\|a_j\|_2$$

$$\leqslant\sum_{j=1}^{\infty}|\lambda_j|\|g_N\|_*.$$

由于上述不等式对所有 f 的分解成立，所以

$$\left|\int_{\mathbf{R}^n}g_N(x)f(x)\,dx\right|\leqslant\|f\|_{H^{1,2,0}}\|g_N\|_*\leqslant c\|f\|_{H^1}\|g_N\|_*.$$

令 $N\to\infty$，$f\in H^1(\mathbf{R}^n)$ 具有紧支集，我们得到

$$\left|\int_{\mathbf{R}^n}g(x)f(x)dx\right|\leqslant c\|f\|_{H^1}\|g\|_*.$$

显然，这样的 f 在 H^1 中是稠的，所以如果我们定义

$$f\to\int_{\mathbf{R}^n}f(x)g(x)dx,$$

则这是 H^1 中一个稠子集上的连续线性泛函，因此能扩张到整个 $H^1(\mathbf{R}^n)$ 上的连续线性泛函．这就证明了 $\mathrm{BMO}\subseteq(H^1)^*$．

反之，设 $\mathscr{L}\in(H^1)^*$，则对任意 $(1,2,0)$ 原子 a，

$$|\mathscr{L}(a)|\leqslant\|\mathscr{L}\|\|a\|_{H^1}\leqslant\|\mathscr{L}\|.$$

现设 Q 是任意固定的一个方体，考虑 $f\in L^2(Q)$ 且 $\int_Q f(x)dx=0$，则 $f\in H^1(\mathbf{R}^n)$ 且 $\|f\|_{H^1}\leqslant c\|f\|_{L^2(Q)}|Q|^{1/2}$．因此

$$|\mathscr{L}(f)|\leqslant\|\mathscr{L}\|\|f\|_{H^1}\leqslant c\|\mathscr{L}\||Q|^{1/2}\|f\|_{L^2(Q)}.$$

这样，$\mathscr{L}$ 可以扩张到 $L^2(Q)$ 上的一个有界线性泛函．再由 Riesz 表示定理，

$$\mathscr{L}(f)=\int_Q f(x)g(x)dx,$$

其中 $g\in L^2(Q)$ 且 $\|g\|_{L^2(Q)}\leqslant\|\mathscr{L}\||Q|^{1/2}$． 考虑有界的且具有紧支集的 H^1 函数 f，我们同样可以证明

$$\mathscr{L}(f)=\int_{\mathbf{R}^n}f(x)g(x)dx,$$

显然此泛函可以扩张到 H^1 上，为了说明 $g\in \mathrm{BMO}(\mathbf{R}^n)$，对任意固定的方体 Q，

$$\begin{aligned}\mathscr{L}((f-f_Q)\chi_Q) &= \int_Q (f-f_Q)g(x)dx \\ &= \int_Q f(x)(g(x)-g_Q)dx,\end{aligned}$$

于是

$$\begin{aligned}\left|\int_Q f(x)(g(x)-g_Q)dx\right| &\leqslant |\mathscr{L}((f-f_Q)\chi_Q)| \\ &\leqslant \|\mathscr{L}\|\|(f-f_Q)\chi_Q\|_{H^1}\leqslant c\|\mathscr{L}\||Q|^{1/2}\|f\|_{L^2(Q)}.\end{aligned}$$

从而我们得到

$$\begin{aligned}\left\{\int_Q |g(x)-g_Q|^2dx\right\}^{1/2} &= \sup_{\|f\|_{L^2(Q)}\leqslant 1}\left|\int_Q f(x)(g(x)-g_Q)dx\right| \\ &\leqslant c\|\mathscr{L}\||Q|^{1/2}.\end{aligned}$$

因此 $\left\{\frac{1}{|Q|}\int_Q|g(x)-g_Q|^2dx\right\}^{1/2}\leqslant c\|\mathscr{L}\|$.

这就证明了 $g\in \mathrm{BMO}(\mathbf{R}^n)$ 且 $\|g\|_*\leqslant c\|\mathscr{L}\|$，$c$ 是固定常数. 由此推出 $(H^1)^*\subseteq \mathrm{BMO}(\mathbf{R}^n)$. 定理获证.

为了刻划 H^p $(0<p<1)$ 的对偶空间，我们需要引入下面的空间.

定义 (6.2) 设 g 是局部可积函数，定义

$$\|g\|_{L(\beta,q',s)}=\sup_{Q\subset\mathbf{R}^n}|Q|^{-\beta}\left\{\frac{1}{|Q|}\int_Q|g(x)-P_Qg(x)|^{q'}dx\right\}^{1/q'},$$

其中 s 是非负整数，$0\leqslant[n\beta]\leqslant s$，$1\leqslant q'\leqslant\infty$，$P_Q(g)(x)$ 是次数不超过 s 的满足下式的唯一的多项式：

$$\int_Q(g(x)-P_Q(g)(x))x^\alpha dx=0,0\leqslant|\alpha|\leqslant s.$$

我们称 $g\in \mathrm{Lip}\ (\beta,q',s)$，如果 $\|g\|_{L(\beta,q',s)}<\infty$.

定理 (6.3) $(H^{p,q,s})^*=\mathrm{Lip}\left(\frac{1}{p}-1,q',s\right)$.

定理 (6.3) 的证明可看 [17].

§7. 算子在 H^p 空间中的内插

定义 (7.1) 我们称算子是弱 (H^p, q) 型，如果任意 $\alpha>0$，对一切 $f\in H^p(\mathbf{R}^n)$ 存在一个固定常数 M 使得

$$|\{x\in\mathbf{R}^n: |Tf(x)|>\alpha\}|\leqslant\left(\frac{M\|f\|_{H^p}}{\alpha}\right)^q.$$

我们证明下面的算子内插定理：

定理 (7.2) 设 T 是弱 (H^{p_1}, q_1) 型和弱 (p_2, q_2) 型的次可加算子，其中 $0<p_1\leqslant 1<p_2<\infty$，$p_i\leqslant q_i$，$i=1, 2$，则当 $1\leqslant \dfrac{1}{p}=\dfrac{1-t}{p_1}+\dfrac{t}{p_2}$，$\dfrac{1}{q}=\dfrac{1-t}{q_1}+\dfrac{t}{q_2}$，$0<t<1$ 时，T 是 $H^p(\mathbf{R}^n)\to L^q(\mathbf{R}^n)$ 上的有界算子，即

$$\|Tf\|_q\leqslant c\|f\|_{H^p};$$

当 $1>\dfrac{1}{p}=\dfrac{1-t}{p_1}+\dfrac{t}{p_2}$，$\dfrac{1}{q}=\dfrac{1-t}{q_1}+\dfrac{t}{q_2}$，$0<t<1$ 时，T 是 $L^p(\mathbf{R}^n)\to L^q(\mathbf{R}^n)$ 上的有界算子，即

$$\|Tf\|_q\leqslant c\|f\|_p.$$

为证明定理 (7.2)，我们先证明下面的 Calderón-Zygmund 型分解定理.

定理 (7.3) 设 $f\in L^p(\mathbf{R}^n)$，$p>1$，则对任意 p_1, p_2: $0<p_1\leqslant 1<p<p_2\leqslant\infty$，和任意的 $\alpha>0$，有 $f(x)=g(x)+b(x)$，其中 $g(x)$ 和 $b(x)$ 分别满足下面的不等式：

$$\|g\|_{p_2}^{p_2}\leqslant c\alpha^{p_2-p}\|f\|_p^p$$

$$\|b\|_{H^{p_1}}^{p_1}\leqslant c\alpha^{p_1-p}\|f\|_p^p,$$

其中 c 是与 f 和 α 无关的常数.

证明：设 $g(x)$ 局部可积，$P_Q(g)(x)$ 如定义 (6.2)，则

$$|P_Q(g)(x)|\leqslant c\left\{\frac{1}{|Q|}\int_Q|g(x)|dx\right\}$$

对一切 $Q\subset\mathbf{R}^n$ 成立 c 和 g、Q 无关.

对任意 $\alpha>0$，应用 Calderón-Zygmund 分解，有

(i) $\mathbf{R}^n = \Omega \cup F$, $\Omega \cap F = \phi$;

(ii) $\Omega = \bigcup_j Q_j$, Q_j 是内部不交的方体;同时

$$|\Omega| \leqslant \alpha^{-p} \int_{\mathbf{R}^n} |f(x)|^p dx = \alpha^{-p}\|f\|_p^p;$$

(iii) 对每一个方体 Q_j, 下面的不等式成立:

$$\alpha < \left\{\frac{1}{|Q_j|}\int_{Q_j} |f(x)|^p dx\right\}^{1/p} \leqslant 2^n\alpha;$$

(iv) $|f(x)| \leqslant c\alpha$,对几乎处处 $x \in$

现令

$$g(x) = \begin{cases} f(x), & \text{当 } x \in F \text{ 时;} \\ P_{Q_j}(f)(x), & \text{当 } x \in Q_j \text{ 时,} \end{cases}$$

其中 $P_{Q_j}(f)$ 是 s 次满足定义 (6.2) 的多项式, $s \geqslant \left[n\left(\frac{1}{p}-1\right)\right]$.

再设 $b(x) = f(x) - g(x) = \sum [f(x) - P_{Q_j}(f)(x)]\chi_{Q_j}(x)$, 其中 χ_{Q_j} 是方体 Q_j 上的特征函数

对 $g(x)$ 我们有如下估计:

$$\begin{aligned}\|g\|_{p_2}^{p_2} &= \int_{\mathbf{R}^n} |g(x)|^{p_2}dx = \int_F |g(x)|^{p_2}dx + \int_\Omega |g(x)|^{p_2}dx \\ &= \int_F |f(x)|^{p_2}dx + \sum_j \int_{Q_j} |P_{Q_j}(f)|^{p_2}dx \\ &\leqslant c\alpha^{p_2-p}\int_F |f(x)|^p dx + \sum_j \|P_{Q_j}(f)\|_\infty^{p_2}|Q_j| \\ &\leqslant c\alpha^{p_2-p}\|f\|_p^p + c\sum_j\left\{\frac{1}{|Q_j|}\int_{Q_j}|f(x)|dx\right\}^{p_2}|Q_j| \\ &\leqslant c\alpha^{p_2-p}\|f\|_p^p + c\sum_j\left\{\frac{1}{|Q_j|}\int_{Q_j}|f(x)|^p dx\right\}^{\frac{p_2}{p}}|Q_j| \\ &\leqslant c\alpha^{p_2-p}\|f\|_p^p + c\alpha^{p_2}\sum_j|Q_j| \\ &\leqslant c\alpha^{p_2-p}\|f\|_p^p + c\alpha^{p_2}|\Omega| \leqslant c\alpha^{p_2-p}\|f\|_p^p.\end{aligned}$$

为证明 $b(x) \in H^{p_1}(\mathbf{R}^n)$,我们首先证明 $(c\alpha)^{-1}|Q_j|^{-\frac{1}{p_1}}$ $[f(x)-P_{Q_j}(f)]\chi_{Q_j}(x)$ 是一个 (p_1, p, s) 原子,记它为 $a_j(x)$, 则由 $P_{Q_j}(f)$

的定义知

$$\int_{\mathbf{R}^n} a_j(x)x^\alpha dx = 0, \text{ 对一切} 0 \leqslant |\alpha| \leqslant s \text{ 成立.}$$

紧支集条件是显然的,剩下只要验证原子的大小条件:

$$\begin{aligned}
&\left\{\frac{1}{|Q_j|}\int_{Q_j} |a_j(x)|^p dx\right\}^{1/p} \\
&= (c\alpha)^{-1}|Q_j|^{-\frac{1}{p_1}}\left\{\frac{1}{|Q_j|}\int_{Q_j} |f(x)-P_{Q_j}(f)|^p dx\right\}^{1/p} \\
&\leqslant (c\alpha)^{-1}|Q_j|^{-\frac{1}{p_1}}\left[\left(\frac{1}{|Q_j|}\int_{Q_j} |f(x)|^p dx\right)^{1/p} + \|P_{Q_j}(f)\|_\infty\right] \\
&\leqslant (c\alpha)^{-1}|Q_j|^{-\frac{1}{p_1}}\left[c\left(\frac{1}{|Q_j|}\int_{Q_j} |f(x)|^p dx\right)^{1/p}\right] \leqslant |Q_j|^{-\frac{1}{p_1}}.
\end{aligned}$$

因此 a_j 是一个 (p_1, p, s)原子. 又因为

$$\begin{aligned}
\sum_j \left[(c\alpha)|Q_j|^{\frac{1}{p_1}}\right]^{p_1} &= \sum_j (c\alpha)^{p_1}|Q_j| = (c\alpha)^{p_1}|\Omega| \\
&\leqslant c\alpha^{p_1-p}\|f\|_p^p,
\end{aligned}$$

所以 $b(x) = \sum_j [f(x)-P_{Q_j}(f)]\chi_{Q_j}(x) = \sum_j (c\alpha)|Q_j|^{\frac{1}{p_1}} \cdot a_j(x) \in H^{p_1}(\mathbf{R}^n)$ 且

$$\|b\|_{H^{p_1}}^{p_1} \leqslant c\sum_j (c\alpha)^{p_1}(|Q_j|^{\frac{1}{p_1}})^{p_1} \leqslant c\alpha^{p_1-p}\|f\|_p^p.$$

现在我们证明定理 (7.2). 我们先考虑 $1 \leqslant \frac{1}{p} = \frac{1-t}{p_1} + \frac{t}{p_2}$, $\frac{1}{q} = \frac{1-t}{q_1} + \frac{t}{q_2}$, $0 < t < 1$ 的情形. 如果 $q_1 = q_2 = \infty$, 证明是简单的,不妨设 $q_2 = \infty$, 此时

$$\|Tf\|_\infty \leqslant c\|f\|_{p_2}.$$

设 a 是支集为 Q 的 (p, ∞, s) 原子, $S \geqslant \left[n\left(\frac{1}{p_1} - 1\right)\right]$. 容易验证 $|Q|^{\frac{1}{p}-\frac{1}{p_1}} a$ 是 (p_1, ∞, s) 原子,所以

$$\|a\|_{H^{p_1}} \leqslant |Q|^{\frac{1}{p_1}-\frac{1}{p}}.$$

同时

$$\|a\|_{p_2} \leqslant |Q|^{\frac{1}{p_2}-\frac{1}{p}}.$$

这样我们得到

$$\|Ta\|_\infty \leqslant c\|a\|_{p_2} \leqslant c|Q|^{\frac{1}{p_2}-\frac{1}{p}}.$$

于是

$$\begin{aligned}\|Ta\|_q^q &= c\int_0^\infty \alpha^{q-1}|\{x\in \mathbf{R}^n: |T(a)(x)|>\alpha\}|d\alpha \\ &= c\int_0^{c|Q|^{\left(\frac{1}{p_2}-\frac{1}{p}\right)}} \alpha^{q-1}\alpha^{-q_1}\|a\|_{H^{p_1}}^{q_1}d\alpha \\ &\leqslant c|Q|^{\left(\frac{1}{p_1}-\frac{1}{p}\right)q_1}\int_0^{c|Q|^{\left(\frac{1}{p_2}-\frac{1}{p}\right)}}\alpha^{q-q_1-1}d\alpha.\end{aligned}$$

注意到 $q_2=\infty$, $\frac{1}{q}=\frac{1-t}{q_1}$, $0<t<1$，所以 $q>q_1$. 因此

$$\begin{aligned}\|Ta\|_q^q &\leqslant c|Q|^{\left(\frac{1}{p_1}-\frac{1}{p}\right)q_1}|Q|^{\left(\frac{1}{p_2}-\frac{1}{p}\right)(q-q_1)} \\ &= c|Q|^{q\left(\frac{1}{p_2}-\frac{1}{p}\right)-q_1\left(\frac{1}{p_2}-\frac{1}{p_1}\right)}.\end{aligned}$$

因为 $\frac{1}{p}=\frac{1-t}{p_1}+\frac{t}{p_2}$，$\frac{1}{q}=\frac{1-t}{q_1}$，所以

$$1-t=\frac{q_1}{q}=\frac{\frac{1}{p}-\frac{1}{p_2}}{\frac{1}{p_1}-\frac{1}{p_2}}.$$

从而 $q\left(\frac{1}{p_2}-\frac{1}{p}\right)-q_1\left(\frac{1}{p_2}-\frac{1}{p_1}\right)=0$，这就证明了

$$\|Ta\|_q^q\leqslant c.$$

对任意 $f\in H^p(\mathbf{R}^n)$，$f=\sum_j\lambda_j a_j$，其中 a_j 是 (p,∞,s) 原子，$s\geqslant\left[n\left(\frac{1}{p_1}-1\right)\right]$，$\sum_j|a_j|^p<\infty$. 注意到 $p\leqslant q$，所以

$$\|Tf\|_q\leqslant c\left(\sum_j|\lambda_j|^q\right)^{1/q}\leqslant c\left(\sum_j|\lambda_j|^p\right)^{1/p}.$$

由此推出

$$\|Tf\|_q\leqslant c\|f\|_{H^p}.$$

对 $q_1=\infty$ 也可以类似地加以证明. 下面考虑 $q_1<q_2<\infty$ 的情形. 这时我们有

$$\|T_a\|_q^q=c\int_0^\infty \alpha^{q-1}|\{x\in\mathbb{R}^n:|Ta(x)|>\alpha\}|d\alpha$$
$$=c\int_0^M \alpha^{q-1}|\{x\in\mathbb{R}^n:|Ta(x)|>\alpha\}|d\alpha$$
$$+c\int_M^\infty \alpha^{q-1}|\{x\in\mathbb{R}^n:|Ta(x)|>\alpha\}|d\alpha=\mathrm{I}+\mathrm{II}.$$

对于 I, 有

$$\mathrm{I}\leqslant c\int_0^M \alpha^{q-1}\alpha^{-q_1}\|a\|_{H^{p_1}}^{q_1}d\alpha$$
$$\leqslant cM^{q-q_1}|Q|^{\left(\frac{1}{p_1}-\frac{1}{p}\right)q_1}.$$

对于 II, 有

$$\mathrm{II}\leqslant c\int_M^\infty \alpha^{q-1}\alpha^{-q_2}\|a\|_{p_2}^{q_2}d\alpha$$
$$\leqslant cM^{q-q_2}|Q|^{\left(\frac{1}{p_2}-\frac{1}{p}\right)q_2}.$$

令 $M=|Q|^{\frac{1}{q_2-q_1}\left[\frac{q_2}{p_2}-\frac{q_1}{p_1}\right]-\frac{1}{p}}$, 则

$$\mathrm{I}\leqslant c|Q|^{\frac{q-q_1}{q_2-q_1}\left[\frac{q_2}{p_2}-\frac{q_1}{p_1}\right]-\frac{q-q_1}{p}+q_1\left(\frac{1}{p_1}-\frac{1}{p}\right)}.$$

注意到

$$\frac{\frac{1}{p_2}-\frac{1}{p_1}}{\frac{1}{p}-\frac{1}{p_1}}=\frac{\frac{1}{q_2}-1/q_1}{\frac{1}{q}-1/q_1},$$

即, $\frac{q-q_1}{q_2-q_1}\left[\frac{q_2}{p_2}-\frac{q_1}{p_1}\right]-\frac{q-q_1}{p}+q_1\left(\frac{1}{p_1}-\frac{1}{p}\right)=0$, 所以 $\mathrm{I}\leqslant c$. 同理, $\mathrm{II}\leqslant c$. 这样我们就证明了 $\|Ta\|_q\leqslant c$. 用类似的方法可以得到

$$\|Tf\|_q\leqslant c\|f\|_{H^p}.$$

下面我们证明第二种情形, 这时

$$1>\frac{1}{p}=\frac{1-t}{p_1}+\frac{t}{p_2},\quad \frac{1}{q}=\frac{1-t}{q_1}+\frac{t}{q_2},\quad 0<t<1.$$

当 q_1 和 q_2 至少有一个为∞时，证明与上述方法相同. 不妨设 $q_1<q<q_2<\infty$，由

$$\frac{\frac{1}{q}-\frac{1}{q_2}}{\frac{1}{q}-\frac{1}{q_1}}=\frac{\frac{1}{p}-\frac{1}{p_2}}{\frac{1}{p}-\frac{1}{p_1}}$$

可知 $\frac{q_2-q}{p_2-p}\cdot\frac{p_2}{q_2}=\frac{q_1-q}{p_1-p}\cdot\frac{p_1}{q_1}$. 在定理 (7.3) 中用 $\alpha^{\frac{q_2-q}{p_2-p}\cdot\frac{p_2}{q_2}}$ 和 $\alpha^{\frac{q_1-q}{p_1-p}\cdot\frac{p_1}{q_1}}$ 代替α，于是对任意 $f\in L^p(\mathbf{R}^n)$，$p>1$，$\|f\|_p=1$，我们有

$$f(x)=g(x)+b(x),$$

其中

$$\|g\|_{p_2}^{p_2}\leqslant c\alpha^{\frac{q_2-q}{p_2-p}\cdot\frac{p_2}{q_2}(p_2-p)}\|f\|_p^p=c\alpha^{\left(1-\frac{q}{q_2}\right)p_2},$$

$$\|b\|_{H^{p_1}}^{p_1}\leqslant c\alpha^{\frac{q_1-q}{p_1-p}\cdot\frac{p_1}{q_1}(p_1-p)}\|f\|_p^p=c\alpha^{\left(1-\frac{q}{q_1}\right)p_1}.$$

因此

$$\begin{aligned}
&|\{x\in\mathbf{R}^n:|Tf(x)|>\alpha\}|\\
&\leqslant\left|\left\{x\in\mathbf{R}^n:|Tg(x)|>\frac{\alpha}{2}\right\}\right|\\
&\quad+\left|\left\{x\in\mathbf{R}^n:|Tb(x)|>\frac{\alpha}{2}\right\}\right|\\
&\leqslant c\alpha^{-q_2}\|g\|_{p_2}^{q_2}+c\alpha^{-q_1}\|b\|_{H^{p_1}}^{q_1}\\
&\leqslant c\alpha^{-q_2}\alpha^{q_2\left(1-\frac{q}{q_2}\right)}+c\alpha^{-q_1}\alpha^{q_1\left(1-\frac{q}{q_1}\right)}\\
&\leqslant c\alpha^{-q}=c\alpha^{-q}\|f\|_p^q.
\end{aligned}$$

这就证明了对任意 $p>1$，T 是弱 (p,q) 型的次可加算子，再由 Marcinkiewicz 内插定理得到T是 $L^p(\mathbf{R}^n)\to L^q(\mathbf{R}^n)$ 上的有界算子，即

$$\|Tf\|_q\leqslant c\|f\|_p.$$

我们还可以得到其它类型的算子内插定理，为此我们需要下面的定义：

定义 (7.4) 记 $f\in\mathscr{L}^{(p,\lambda)}(\mathbf{R}^n)$，如果 f 局部可积且

$$\sup_{Q(x,\rho)\subset\mathbb{R}^n}\left\{\rho^{\lambda-n}\int_{Q(x,\rho)}|f(y)-f_c|^p dy\right\}^{1/p}<\infty,$$

其中 $Q(x,\rho)$ 是 $\mathbb{R}^n$ 中以 x 为中心，ρ 为边长的方体，$f_c=\frac{1}{|Q(x,\rho)|}\int_{Q(x,\rho)}f(y)dy$, $P\geqslant 1$, $-\infty<\lambda<\infty$, 我们定义

$$\|f\|_{\mathscr{L}(p,\lambda)}=\sup_{Q(x,\rho)\subset\mathbb{R}^n}\left\{\rho^{\lambda-n}\int_{Q(x,\rho)}|f(y)-f_c|^p dy\right\}^{1/p}.$$

定义 (7.5) 设 f 是 $\mathbb{R}^n$ 上实函数，T 是线性算子，我们称 T 是强 $[p,(q,\mu)]$ 型，如果存在与 f 无关的常数 c，使得

$$\|Tf\|_{\mathscr{L}^{(q,\mu)}}\leqslant c\|f\|_p\quad(p>1),$$

或

$$\|Tf\|_{\mathscr{L}^{(q,\mu)}}\leqslant c\|f\|_{H^p}\quad(p\leqslant 1).$$

称 T 是弱 $[p,(q,\mu)]$ 型，如果存在与 f 和任意大于零的 α 无关的常数 c，使得

$$M_\mu(f,\alpha)\leqslant c\alpha^{-q}\|f\|_p^q\quad(p>1),$$

或

$$M_\mu(f,\alpha)\leqslant c\alpha^{-q}\|f\|_{H^p}^q\quad(p\leqslant 1),$$

其中 $M_\mu(f,\alpha)=\sup\limits_{Q(x,\rho)\subset\mathbb{R}^n}\rho^{\mu-n}|\{y\in Q(x,\rho):|f(y)-f_c|>\alpha\}|$.

我们有下面的内插定理:

定理 (7.6) 设 $0<p_1\leqslant 1<q_1<\infty$, $1<p_2<q_2<\infty$, T 是线性算子，同时是弱 $[p_i,(q_i,\mu_i)]$ 型，$i=1,2$, 则当 $1\leqslant\frac{1}{p}=\frac{1-t}{p_1}+\frac{t}{p_2}$, $\frac{1}{q}=\frac{1-t}{q_1}+\frac{t}{q_2}$, $\frac{\mu}{q}=\frac{1-t}{q_1}\mu_1+\frac{t}{q_2}\mu_2$, $0<t<1$时，T 是 $H^p(\mathbb{R}^n)\to\mathscr{L}(q,\mu)(\mathbb{R}^n)$上有界算子，即

$$\|Tf\|_{\mathscr{L}^{(q,\mu)}}\leqslant c\|f\|_{H^p};$$

当

$$1>\frac{1}{p}=\frac{1-t}{p_1}+\frac{t}{p_2},\ \frac{1}{q}=\frac{1-t}{q_1}+\frac{t}{q_2},$$

$$\frac{\mu}{q}=\frac{1-t}{q_1}\mu_1+\frac{t}{q_2}\mu_2,\ 0<t<1$$

时，T 是 $L^p(\mathbb{R}^n)\to\mathscr{L}^{(q,\mu)}(\mathbb{R}^n)$ 上的有界算子，即

$$\|Tf\|_{\mathscr{L}^{(q,\mu)}}\leqslant c\|f\|_p.$$

定理 (7.6) 的证明可看 [18].

第五章　Calderón-Zygmund 奇异积分理论

我们考虑下面的 Cauchy 积分

$$F(z)=F(x+iy)=\frac{1}{2\pi i}\int_{-\infty}^{+\infty}\frac{f(t)}{t-z}dt,$$

其中 $y>0$. 其边值 $g(x)=\lim\limits_{y\to 0}F(x+iy)$. 则从 f 到 $g\equiv C(f)$ 的映射是 $L^p(\mathbf{R})$ 到 $L^p(\mathbf{R})(1<p<\infty)$ 上的连续线性算子. 如果再有 $f\in L^p(\mathbf{R})$, f 的 Hilbert 变换

$$H(f)(x)=\lim_{\varepsilon\to 0+}\int_{|x-y|>\varepsilon}\frac{f(y)}{x-y}dy$$

也是一个从 $L^p(\mathbf{R})$ 到 $L^p(\mathbf{R})$, $1<p<\infty$, 上的连续线性算子. 这些都是 $\mathbf{R}^1$ 上 Calderón-Zygmund 奇异积分的典型例子.

考虑 $\mathbf{R}^n$ 中的 Laplace 方程 $\Delta u=f$. 当 f 满足一定条件时, 上述方程的一个特解

$$u(x)=c_n\int_{\mathbf{R}^n}\frac{f(x-y)}{|y|^{n-2}}dy,$$

即 f 与 Δ 的基本解 $c_n|x|^{2-n}(n>2)$ 的卷积. 如果 $f\in\Lambda_\alpha$, 即

$$|f(x+h)-f(x)|\leqslant c|h|^\alpha,$$

且 $|f(x)|\leqslant c<\infty$, 则可以证明方程解 u 的二阶偏导数可以表示成为奇异积分, 即

$$\begin{aligned}\frac{\partial^2}{\partial x_j^2}u(x)&=\int_{\mathbf{R}^n}\frac{\Omega_j(y)}{|y|^n}f(x-y)dy\\&=\lim_{\varepsilon\to 0+}\int_{|x-y|>\varepsilon}\frac{\Omega_j(x-y)}{|x-y|^n}f(y)dy,\end{aligned}$$

其中 $\Omega_j(y)=c_n[1-n|y|^{-2}y_j^2]$.

上述积分在一般意义下是不存在的, 但是注意到

$$\int_{\Sigma^{n-1}}\Omega_j(y)dy=0,$$

可以证明它在 Cauchy 主值意义下是存在的. 这就是本章我们将要讨论的 Calderón-Zygmund 奇异积分.

§1. Calderón-Zygmund 卷积算子

我们知道，$L^2(\mathbf{R}^n)$ 上与平移可交换的有界算子一定可以写成

$$\widehat{Tf}(\xi)=m(\xi)\hat{f}(\xi),$$

其中 $m\in L^\infty(\mathbf{R}^n)$，同时算子 T 在 $L^2(\mathbf{R}^n)$ 上的范数为 $\|T\|_{2,2}=\|m\|_\infty$.

本节我们将讨论这种类型的 Calderón-Zygmund 算子. 这一类算子在 $L^2(\mathbf{R}^n)$ 上的有界性是显然的. 问题是如何证明其 $L^p(\mathbf{R}^n)(p\neq 2)$ 的有界性. 一个固定的证明程序是证明这类算子是弱(1,1)型的,再由算子内插定理得到 $L^p(\mathbf{R}^n)(1<p\leqslant 2)$ 的有界性. 最后再利用共轭算子证明 $L^p(\mathbf{R}^n)(2<p<\infty)$ 的有界性. 一个典型的结果是下面的定理:

定理 (1.1) 设 $K\in L^2(\mathbf{R}^n)$，并进一步假设

(1) $|\hat{k}(\xi)|\leqslant B$;

(2) $k\in C^1(\mathbf{R}^n\backslash\{0\})$ 且 $|\nabla k(x)|\leqslant B|x|^{-(n+1)}$;

(3) 对$f\in L^1(\mathbf{R}^n)\cap L^2(\mathbf{R}^n)$，令

$$Tf(x)=\int_{\mathbf{R}^n}k(x-y)f(y)dy,$$

则存在与 f 无关的常数 A_p，使得

$$\|Tf\|_p\leqslant A_p\|f\|_p,\ 对\ 1<p<\infty\ 成立.$$

证明: 第一步证明 T 是强 (2,2) 型的,因为

$$\widehat{Tf}(\xi)=\hat{k}(\xi)\hat{f}(\xi).$$

所以

$$\|Tf\|_2=\|\widehat{Tf}\|_2=\|\hat{k}\hat{f}\|_2\leqslant B\|\hat{f}\|_2=B\|f\|_2.$$

第二步证明 T 是弱 (1,1) 型的. 证明思想是把函数分解成两部分,一部分称作“好函数”,另一部分称作“坏函数”(我们将看到,

坏函数并不很坏);对于好函数应用已经得到的关于T在$L^2(\mathbf{R}^n)$上有界的结果，对于坏函数则利用积分为零的性质。具体做法则是依赖于 Calderón-Zygmund 分解。

我们要证明对于任意 $\alpha>0$，存在与f和α无关的常数 c，使得

$$|\{x\in\mathbf{R}^n:|Tf(x)|>\alpha\}|\leqslant\frac{c}{\alpha}\|f\|_1.$$

应用 Calderón-Zygmund 分解,有 $\mathbf{R}^n=F\cup\Omega$, $F\cap\Omega=\phi$，对几乎处处$x\in F$, $|f(x)|\leqslant\alpha$, $\Omega=\bigcup_j Q_j$, Q_j 是内部不交的方体且 $|\Omega|\leqslant\frac{c}{\alpha}\|f\|_1$。进一步

$$\frac{1}{|Q_j|}\int_{Q_j}|f(x)|dx\leqslant c\alpha.$$

令

$$g(x)=\begin{cases}f(x), & \text{当 } x\in F,\\ \dfrac{1}{|Q_j|}\displaystyle\int_{Q_j}f(y)dy, & \text{当}x\in Q_j\text{的内部}.\end{cases}$$

$$\begin{aligned}b(x)&=f(x)-g(x)\\&=\begin{cases}0, & \text{当 } x\in F,\\ f(x)-\dfrac{1}{|Q_j|}\displaystyle\int_{Q_j}f(y)dy, & \text{当 } x\in Q_j \text{ 的内部}.\end{cases}\end{aligned}$$

这样我们有 $\int_{Q_j}b(x)dx=0$，对每一个 Q_j 成立。因此

$$Tf(x)=Tg(x)+Tb(x).$$

同时

$$\begin{aligned}&|\{x\in\mathbf{R}^n:|Tf(x)|>\alpha\}|\\&\quad\leqslant\left|\left\{x\in\mathbf{R}^n:|Tg(x)|>\frac{\alpha}{2}\right\}\right|\\&\qquad+\left|\left\{x\in\mathbf{R}^n:|Tb(x)|>\frac{\alpha}{2}\right\}\right|=\mathrm{I}+\mathrm{II}.\end{aligned}$$

对于I，因为 $g\in L^2(\mathbf{R}^n)$，T是 $L^2(\mathbf{R}^n)$ 上有界算子，所以

$$\mathrm{I} \leqslant \frac{c}{\alpha^2}\|g\|_2^2 = \frac{c}{\alpha^2}\int_{\mathbb{R}^n} |g(x)|^2 dx$$

$$= \frac{c}{\alpha^2}\int_F |g(x)|^2 dx + \frac{c}{\alpha^2}\int_\Omega |g(x)|^2 dx$$

$$\leqslant \frac{c}{\alpha^2}\cdot\alpha \int_F |f(x)|dx + \frac{c}{\alpha^2}\sum_j \int_{Q_j} |f_{Q_j}|^2 dx$$

$$\leqslant \frac{c}{\alpha}\int_F |f(x)|dx + \frac{c}{\alpha^2}\sum_j |f_{Q_j}|^2 |Q_j|$$

$$\leqslant \frac{c}{\alpha}\int_{\mathbb{R}^n} |f(x)|dx + \frac{c}{\alpha^2}\cdot c\alpha^2|\Omega| \leqslant \frac{c}{\alpha}\int_{\mathbb{R}^n} |f(x)|dx.$$

对于 II，令 $b_j(x) = b(x)\chi_{Q_j}(x)$，则 $b(x) = \sum_j b_j(x)$. 于是 $Tb(x) = \sum_j T(b_j)(x)$，其中 $Tb_j(x) = \int_{Q_j} k(x-y)b_j(y)dy$. 注意到 $x \notin \bigcup_j 2Q_j$ 时以及 $\int_{Q_j} b_j(x)dx = 0$，有

$$Tb_j(x) = \int_{Q_j} [k(x-y) - k(x-y^j)]b_j(y)dy,$$

其中 y^j 是方体 Q_j 的中心。因为 $|\nabla k(x)| \leqslant B|x|^{-(n+1)}$，所以

$$|k(x-y) - k(x-y^j)| \leqslant c\cdot\frac{\operatorname{diam}(Q_j)}{|x-\bar{y}^j|^{n+1}},$$

其中 $\bar{y}^j$ 是在 y^j 和 y 的连线上，因此

$$|Tb_j(x)| \leqslant c\operatorname{diam}(Q_j)\int_{Q_j}\frac{|b(y)|}{|x-y|^{n+1}}dy.$$

而 $\int_{Q_j} |b(y)|dy \leqslant \int_{Q_j} |f(y)|dy + c\alpha\int_{Q_j} dy \leqslant (1+c)\alpha|Q_j|$，如果记 $\delta(y) = \operatorname{dist}(y, \bigcup_j 2Q_j^c)$，则 $\operatorname{diam}(Q_j)|Q_j| \leqslant c\int_{Q_j}\delta(y)dy$，于是

$$|Tb_j(x)| \leqslant c\alpha\int_{Q_j}\frac{\delta(y)}{|x-y|^{n+1}}dy, \ x \notin \bigcup_j 2Q_j.$$

最后我们得到

$$|Tb(x)| \leqslant c\alpha \int_{\mathbf{R}^n} \frac{\delta(y)}{|x-y|^{n+1}} dy, \; x \notin \bigcup 2Q_j.$$

由 Marcinkiewicz 积分，

$$\int_{\left(\bigcup_j 2Q_j\right)^c} |Tb(x)|dx \leqslant c\alpha|\Omega| \leqslant c\|f\|_1.$$

所以

$$\left|\left\{x \in \mathbf{R}^n: |Tb(x)| > \frac{\alpha}{2}\right\}\right| \leqslant \left|\bigcup_j 2Q_j\right|$$

$$+ \left|\left\{x \notin \bigcup_j 2Q_j: |Tb(x)| > \frac{\alpha}{2}\right\}\right|$$

$$\leqslant c|\Omega| + \frac{c}{\alpha}\|f\|_1 \leqslant c\frac{1}{\alpha}\|f\|_1.$$

这就证明了T是弱 (1,1) 型的.

第三步证明T是强 (p, p) 型的，$1<p<\infty$.

对于$1<p<2$，由内插定理立即可以得到T在 $L^p(\mathbf{R}^n)$ 上的有界性. 对于$2<p<\infty$，则令 $\frac{1}{p}+\frac{1}{p'}=1$，我们有:

$$\|Tf\|_p = \sup_{\substack{\|g\|_{p'}\leqslant 1 \\ g\in L^{p'}\cap L^2}} \left|\int_{\mathbf{R}^n} Tf(x)g(x)dx\right|$$

$$= \sup_{\substack{\|g\|_{p'}\leqslant 1 \\ g\in L^2\cap L^{p'}}} \left|\int_{\mathbf{R}^n} f(y)\left(\int_{\mathbf{R}^n} k(x-y)g(x)dx\right)dy\right|$$

$$\leqslant \sup_{\substack{\|g\|_{p'}\leqslant 1 \\ g\in L^{p'}\cap L^2}} \|f\|_p\|\widetilde{T}g\|_{p'} \leqslant c\|f\|_p.$$

其中 $\widetilde{T}(g)(y) = \int_{\mathbf{R}^n} k(x-y)g(x)dx$，而$\widetilde{T}$ 在 $L^p(\mathbf{R}^n)(1<p<2)$ 上是有界的.

由定理 (1.1) 的结论，不难证明：可以把T扩张成整个 $L^p(\mathbf{R}^n)$ 上的有界算子.

从上述证明可以看出，定理 (1.1) 中的条件 (1) 是为了得到 $L^2(\mathbf{R}^n)$ 结果；条件 (2) 是为了得到弱 (1,1) 型结果，实际上，条件

(2) 还可以换成更弱的条件:

$$(2')\quad \int_{|x|\geqslant 2|y|} |k(x-y)-k(x)|\,dx \leqslant B,\ \text{对一切}|y|>0.$$

定理 (1.1) 不能令人满意之处在于条件 (1): $k\in L^2(\mathbf{R}^n)$. 这对于许多算子而言是不能满足的. 为此, 我们引人下面的定理:

定理 (1.2) 设 $k(x)$ 满足下述条件:

(1) $|k(x)|\leqslant B|x|^{-n},\ x\neq 0$;

(2) $\displaystyle\int_{|x|\geqslant 2|y|} |k(x-y)-k(x)|\,dx\leqslant B,\ |y|>0$;

(3) $\displaystyle\int_{R_1<|x|<R_2} k(x)dx=0$, 对一切 $0<R_1<R_2<\infty$.

$f\in L^p(\mathbf{R}^n)$, $1<p<\infty$, 令

$$T_\varepsilon(f)(x)=\int_{|y|\geqslant\varepsilon} f(x-y)k(y)dy,\ \varepsilon>0.$$

则存在与 f 和 ε 无关的常数 A_p, 使得

$$\|T_\varepsilon f\|_p\leqslant A_p\|f\|_p.$$

同时对任意 $f\in L^p(\mathbf{R}^n)$, $\lim\limits_{\varepsilon\to 0} T_\varepsilon(f)=T(f)$ 在 $L^p(\mathbf{R}^n)$ 范数下收敛且 $\|Tf\|_p\leqslant A_p\|f\|_p$.

证明: 我们首先证明 T_ε 在 $L^2(\mathbf{R}^n)$ 上的有界性. 为此我们证明: 若 $k_\varepsilon(x)=k(x)\left[1-\chi\left(\dfrac{|x|}{\varepsilon}\right)\right]$ (χ 是单位球上的特征函数), 则 $\sup\limits_y|\hat{k}_\varepsilon(y)|\leqslant c$, c 与 ε 无关.

不妨设 $\varepsilon=1$, 则

$$\hat{k}_1(y)=\lim_{R\to\infty}\int_{|x|\leqslant R} e^{2\pi i x\cdot y}k_1(x)dx=\int_{|x|\leqslant 1/|y|} e^{2\pi i x\cdot y}k_1(x)dx$$

$$+\lim_{R\to\infty}\int_{1/|y|\leqslant|x|\leqslant R} e^{2\pi i x\cdot y}k_1(x)dx=\mathrm{I}+\mathrm{II}.$$

对于 I, 我们有

$$|\mathrm{I}|\leqslant c|y|\int_{|x|\leqslant 1/|y|}|x||k_1(x)|dx\leqslant cB.$$

为估计 II, 取 $z=z(y)$ 使得 $e^{2\pi i y\cdot z}=-1$. 于是

$$\int_{\mathbf{R}^n} k_1(x)e^{2\pi i z\cdot x}dx = \frac{1}{2}\int_{\mathbf{R}^n} [k_1(x) - k_1(x-z)]e^{2\pi i z\cdot x}dx.$$

这样

$$\lim_{R\to\infty}\int_{1/|y|\leqslant|x|\leqslant R} k_1(x)e^{2\pi i x\cdot y}dx$$
$$= \frac{1}{2}\lim_{R\to\infty}\int_{1/|y|\leqslant|x|\leqslant R}[k_1(x) - k_1(x-z)]$$
$$e^{2\pi i x\cdot y}dx - \frac{1}{2}\int_{\substack{1/|y|\leqslant|x+z| \\ |x|\leqslant 1/|y|}} k_1(x)e^{2\pi i x\cdot y}dx.$$

从而得到 $|\mathrm{II}| \leqslant cB$.

注意到 $\varepsilon^{-n}k\left(\frac{x}{\varepsilon}\right)$ 满足与 k 相同的条件，因此我们证明了

$$\sup_y |\hat{k}_\varepsilon(y)| \leqslant cB.$$

然后可以用证明定理 (1.1) 的方法证明 $T_\varepsilon(f)$ 在 L^p 上的有界性. 至于 $Tf(x) = \lim_{\varepsilon\to 0} T_\varepsilon(f)(x)$ 在 $L^p(\mathbf{R}^n)$ 范数下收敛，我们取 $f\in C^1\cap L^p(\mathbf{R}^n)$，$C^1$ 表示 $\mathbf{R}^n$ 上全体连续可微函数，则

$$T_\varepsilon(f)(x) = \int_{|y|\geqslant\varepsilon} k(y)f(x-y)dy$$
$$= \int_{|y|\geqslant 1} k(y)f(x-y)dy$$
$$+ \int_{\varepsilon\leqslant|y|\leqslant 1} k(y)[f(x-y) - f(x)]dy.$$

第一个积分在 $L^p(\mathbf{R}^n)$ 中收敛，这是我们已经得到的结果，第二个积分一致收敛. 最后对任意的 $f\in L^p(\mathbf{R}^n)$，都可以分解成 $f = f_1 + f_2$，其中 $f_1\in C^1\cap L^p$ 而 $\|f_2\|_p$ 可以任意小. 因为 $\|T_\varepsilon f_2\| \leqslant A_p\|f_2\|_p$，所以 $T_\varepsilon(f)$ 在 $L^p(\mathbf{R}^n)$ 中收敛.

如果令伸缩变换 $\delta_\varepsilon(f)(x) = \varepsilon^{-n}f\left(\frac{x}{\varepsilon}\right)$，算子 T 与伸缩变换 δ_ε 可交换，即 $\delta_{\varepsilon^{-1}}T\delta_\varepsilon = T$，则 $k(x)$ 应满足 $k(\varepsilon x) = \varepsilon^{-n}k(x)$，$\varepsilon > 0$. 这说明 $k(x)$ 是负 n 次齐次函数. 因此 $k(x)$ 可以写成

$$k(x)=\frac{\Omega(x)}{|x|^n},$$

其中 $\Omega(x)$ 是零次齐次函数,即 $\Omega(\varepsilon x)=\Omega(x),\varepsilon>0$. 对于这样的算子,最典型的例子是 Riesz 变换,即

$$R_j(f)(x)=c_n\int_{\mathbb{R}^n}\frac{y_j}{|y|^{n+1}}f(x-y)dy,\ j=1,2,\cdots,n.$$

这时我们有下面的定理:

定理 (1.3) 设 Ω 是一个零次齐次函数且满足

(1) $\int_{S^{n-1}}\Omega(x)dx=0$;

(2) $\int_0^1\frac{\omega(\delta)}{\delta}d\delta<\infty$, 其中

$$\omega(\delta)=\sup_{\substack{|x-x'|\leqslant\delta\\|x|=|x'|=1}}|\Omega(x)-\Omega(x')|.$$

对于 $1<p<\infty$ 和 $f\in L^p(\mathbb{R}^n)$, 令

$$T_\varepsilon(f)(x)=\int_{|y|\geqslant\varepsilon}\frac{\Omega(y)}{|y|^n}f(x-y)dy,$$

则

(a) 存在 A_p 与 f 和 ε 无关,使得

$$\|T_\varepsilon f\|_p\leqslant A_p\|f\|_p;$$

(b) $\lim\limits_{\varepsilon\to0}T_\varepsilon(f)=T(f)$ 在 $L^p(\mathbb{R}^n)$ 范数下收敛且

$$\|Tf\|_p\leqslant A_p\|f\|_p;$$

(c) 如果 $f\in L^2(\mathbb{R}^n)$, 则 $\widehat{Tf}(x)=m(x)\hat{f}(x)$, 其中 m 是零次齐次函数,且有如下表示

$$m(x)=\int_{S^{n-1}}\left[\frac{\pi i}{2}\operatorname{sign}(x\cdot y)+\log1/|x\cdot y|\right]\Omega(y)d\sigma(y),$$

其中 $|x|=1$.

证明: 如果我们能证明

$$\int_{|x|\geqslant2|y|}|k(x-y)-k(x)|dx\leqslant B,$$

则 (a), (b) 可由定理 (1.2) 得到. 因为

$$k(x-y)-k(x)=\frac{\Omega(x-y)}{|x-y|^n}-\frac{\Omega(x)}{|x|^n}$$

$$=\frac{\Omega(x-y)-\Omega(x)}{|x-y|^n}+\Omega(x)\left[\frac{1}{|x-y|^n}-\frac{1}{|x|^n}\right],$$

$$\int_{|x|\geqslant 2|y|}\left|\frac{1}{|x-y|^n}-\frac{1}{|x|^n}\right|dx\leqslant B,$$

注意到

$$|\Omega(x-y)-\Omega(x)|=\left|\Omega\left(\frac{x-y}{|x-y|}\right)-\Omega\left(\frac{x}{|x|}\right)\right|$$

$$\leqslant\omega\left(c\frac{|y|}{|x|}\right),$$

当 $|x|\geqslant 2|y|$ 时,有

$$\int_{|x|\geqslant 2|y|}\left|\frac{\Omega(x-y)-\Omega(x)}{|x-y|^n}\right|dx\leqslant c\int_{|x|\geqslant 2|y|}\omega\left(c\frac{|y|}{|x|}\right)\frac{dx}{|x|^n}$$

$$=c\int_0^{c/2}\frac{\omega(\delta)}{\delta}d\delta<\infty,$$

这样就证明了

$$\int_{|x|\geqslant 2|y|}|k(x-y)-k(x)|dx\leqslant B.$$

结果 (c) 可以经过复杂的计算而得到,具体可看 [13].

以上我们只讨论了算子在 $L^p(\mathbf{R}^n)$ 范数下的收敛性. 现在我们研究逐点收敛,即极限 $\lim\limits_{\varepsilon\to 0}T_\varepsilon(f)(x)$ 是否逐点存在? 解决这个问题的主要方法是引入极大算子 $T^*(f)$.

定理 (1.4) 设 Ω 满足定理 (1.3) 的条件, $f\in L^p(\mathbf{R}^n)$, $1\leqslant p<\infty$,

$$T_\varepsilon(f)(x)=\int_{|y|\geqslant\varepsilon}\frac{\Omega(y)}{|y|^n}f(x-y)dy,\ \varepsilon>0,$$

则

(a) $\lim\limits_{\varepsilon\to 0}T_\varepsilon(f)(x)$对几乎处处 x 存在;

(b) 令 $T^*(f)(x)=\sup\limits_{\varepsilon>0}|T_\varepsilon(f)(x)|$, 如果 $f\in L^1(\mathbf{R}^n)$, 那么 $f\to T^*(f)$ 是弱 (1,1) 型;

(c) 如果 $1<p<\infty$，则 $\|T^*f\|_p \leqslant A_p\|f\|_p$.

为证明定理 (1.4)，我们需要下面的 Cotlar 引理:

引理(1.5)(Cotlar 引理) 令$\delta \in (0,1]$，$Tf(x)$是 $\lim\limits_{\varepsilon\to 0} T_\varepsilon(f)(x)$ 在 $L^p(\mathbf{R}^n)$ 范数下的极限，其中 $T_\varepsilon(f)$ 如定理 (1.4)，则存在 $c_\delta > 0$，使得:如果 $f \in L^p(\mathbf{R}^n)$，$1 \leqslant p < \infty$，那么

$$T^*(f)(x) \leqslant c_\delta\{[M(|T(f)|^\delta)]^{1/\delta}(x) + \|T\|M(f)(x)\},$$

其中 $\|T\| = \|T\|_{2,2} + B$.

证明: 先考虑 $\delta = 1$，由齐性，只需证明对任意 $\varepsilon > 0$，

$$|T_\varepsilon f(0)| \leqslant c\{M(Tf)(0) + \|T\|(Mf)(0)\}.$$

令 $Q = \left\{y \in \mathbf{R}^n: |y| < \dfrac{\varepsilon}{2}\right\}$，取 $f \in L^1_{\mathrm{loc}}$，$f_1 = f\chi_{2Q}$，$f_2 = f - f_1$. 于是

$$Tf_2(0) = T_\varepsilon f(0).$$

对 $x \in Q$，有

$$|Tf_2(0) - Tf_2(x)| \leqslant c\|T\|M(f)(0).$$

因此，

$$\begin{aligned}|T_\varepsilon f(0)| &\leqslant |Tf_2(x)| + c\|T\|M(f)(0)\\ &\leqslant |Tf(x)| + |Tf_1(x)| + c\|T\|M(f)(0).\end{aligned}$$

如果 $T_\varepsilon f(0) = 0$，则无需证明. 否则取 $0<\lambda<|T_\varepsilon f(0)|$，对 $x \in Q$，或者$|Tf(x)| > \dfrac{\lambda}{3}$，或者$|Tf_1(x)| > \dfrac{\lambda}{3}$，或者

$$c\|T\|M(f)(0) > \frac{\lambda}{3},$$

即要么

$$\lambda < 3c\|T\|M(f)(0);$$

要么 $Q = \left\{x \in Q: |Tf(x)| > \dfrac{\lambda}{3}\right\} \cup \left\{x \in Q: |Tf_1(x)| > \dfrac{\lambda}{3}\right\}$.

但是由于

$$\left|\left\{x \in Q: |Tf(x)| > \frac{\lambda}{3}\right\}\right| \leqslant \frac{3}{\lambda}|Q|(M(Tf))(0),$$

以及

$$\left|\left\{x \in Q: |Tf_1(x)| > \frac{\lambda}{3}\right\}\right|$$

$$\leqslant \frac{c}{\lambda}\|f_1\|_1\|T\| \leqslant c\frac{|Q|}{\lambda}\|T\|M(f)(0).$$

所以 $\lambda < 3M(Tf)(0) + c\|T\|M(f)(0)$. 再由 λ 的任意性可知

$$|T_*(f)(0)| \leqslant c\{M(Tf)(0) + \|T\|M(f)(0)\}.$$

对于 $0<\delta<1$，我们有

$$|T_*f(0)|^\delta \leqslant c_\delta\{|Tf(x)|^\delta + |Tf_1(x)|^\delta + c\|T\|^\delta(M(f)(0))^\delta\},$$

在 Q 上对 x 积分，然后再开 $1/\delta$ 次方得到

$$|T_*(f)(0)| \leqslant c_\delta(M(|Tf|^\delta))^{1/\delta}(0) + c_\delta\|T\|M(f)(0)$$

$$+ c_\delta\left\{\frac{1}{|Q|}\int_Q |Tf_1(x)|^\delta dx\right\}^{1/\delta}.$$

利用 T 的弱(1,1)型和 Kolmogorov 不等式

$$\frac{1}{|Q|}\int_Q |Tf_1(x)|^\delta dx \leqslant c_\delta|Q|^{-\delta}\|f_1\|_1^\delta\|T\|^\delta$$

$$\leqslant c_\delta\|T\|^\delta(Mf)^\delta(\sigma).$$

这样我们就证明了 Cotlar 引理.

由 Cotlar 引理以及 Hardy-Littlewood 极大函数定理可以立即得到定理 (1.4).

§2. Calderón-Zygmund 卷积算子，Littlewood-Paley-Stein 函数和极大函数

对于调和函数我们已经定义了 g-函数和 S-函数. 现在我们定义推广的 Littlewood-Paley-Stein 函数. 设 $\psi \in C_0^\infty(\mathbf{R}^n)$, $\int_{\mathbf{R}^n}\psi(x)dx = 0$, 我们定义 $f \in \mathscr{S}'(\mathbf{R}^n)$ 的 g-函数和 S-函数分别为

$$g(f)(x) = \left\{\int_0^\infty |f * \psi_t(y)|^2\frac{dt}{t}\right\}^{1/2}$$

$$S(f)(x) = \left\{\iint_{\Gamma(x)} |f * \psi_t(y)|^2\frac{dy\,dt}{t^{n+1}}\right\}^{1/2}.$$

有关 g-函数和 S-函数的一个重要结果是：如果 $1<p<\infty$，则 $\|S(f)\|_p\leqslant c_p\|f\|_p$ 以及 $\|g(f)\|_p\leqslant c_p\|f\|_p$. 假如 ϕ 还满足其它的条件，例如：$\int_0^\infty|\hat{\phi}(t\xi)|^2\frac{dt}{t}=1$ 对 $\xi\neq 0$，那么还有相反的不等式成立：$\|S(f)\|_p\geqslant c_p\|f\|_p$ 以及 $\|g(f)\|_p\geqslant c_p\|f\|_p$.

我们现在用 Calderón-Zygmund 奇异积分的理论来讨论 S-函数。我们将证明 S-函数也是奇异积分，从而推出 S-函数的强 (p,p) 型，$1<p<\infty$. 为此，我们定义 $k:\mathbf{R}^n\to L^2\left(\Gamma(0),\frac{dy\,dt}{t^{n+1}}\right)$,

$$k(x)(y\cdot t)=\phi_t(x-y).$$

则 $S(f)(x)=|f*k(x)|_{L^2\left(\Gamma(0),\frac{dy\,dt}{t^{n+1}}\right)}$. 因为

当 $|x|\geqslant 2|h|$ 时，$|k(x+h)-k(x)|\leqslant c|h|\,|x|^{-(n+1)}$，所以由 §1 关于卷积算子的 Calderón-Zygmund 理论，要证明 $S(f)$ 在 $L^p(\mathbf{R}^n)(1<p<\infty)$ 上有界，只需要证明 $S(f)$ 在 $L^2(\mathbf{R}^n)$ 上有界. 而 $S(f)$ 在 $L^2(\mathbf{R}^n)$ 上的有界性可以由 Fourier 变换直接得到.

Hardy-Littlewood极大函数也可以看成是Calderón-Zygmund奇异积分，因为：考虑 $\varphi\in c_0^\infty(\mathbf{R}^n)$，$\varphi(x)=1$，当 $|x|<1$ 以及 $\varphi(x)=0$，当 $|x|>2$ 时，令 $k:\mathbf{R}^n\to L^\infty((0,\infty),dt)$,

$$k(x)(t)=\varphi_t(x)=t^{-n}\varphi\left(\frac{x}{t}\right).$$

因为 $\nabla\varphi\left(\frac{x}{t}\right)=0$，当 $t>\frac{|x|}{2}$ 时，所以

$$\left|\nabla_x k(x)(t)\right|=\left|t^{-(n+1)}\nabla\varphi\left(\frac{x}{t}\right)\right|\leqslant c\|\nabla\varphi\|_\infty|x|^{-(n+1)}.$$

此外，我们还有

$\|k(x+h)-k(x)\|_\infty\leqslant c|h|\,|x|^{-(n+1)}$，当 $|x|\geqslant 2|h|$.

由 $|f*\varphi_t(x)|\leqslant\|\varphi\|_1\|f\|_\infty$ 可知 $\|f*k(x)\|_\infty\leqslant c\|f\|_\infty$. 因此应用 Calderón-Zygmund 奇异积分理论可以推出 $f*k$ 是 $L^p(\mathbf{R}^n)$ $(p>1)$ 上有界并且是弱 (1,1) 型算子. (注意到此时我们并没

有先得到$f*k$的 $L^2(\mathbf{R}^n)$ 有界性，而是用它在 $L^\infty(\mathbf{R}^n)$ 上的有界性代替在 $L^2(\mathbf{R}^n)$ 上的有界性推出它在 $L^p(\mathbf{R}^n)(p>1)$ 上的有界性.）注意到 $M(f)(x)\sim\|f*k(x)\|_\infty$，我们得出$M$是 $L^p(\mathbf{R}^n)$ $(1<p\leqslant\infty)$ 上的有界算子，并且是弱(1,1)型算子.

最后，我们用 Littlewood-Paley-Stein 函数来研究极大函数. 设 $f(x)\geqslant 0, f\in L^2(\mathbf{R}^n)$，对$\alpha=c^j$，$c$ 足够大，$j\in\mathbf{Z}$，由 Calderón-Zygmund 分解可以得出二进方体序列 $\{Q_k^j\}$ 满足条件：

$$\frac{1}{|Q_k^j|}\int_{Q_k^j} f\sim c^j, f(x)\leqslant c^j \text{ 当 } x\in\left(\bigcup_k Q_k^j\right)^c.$$

现定义函数 f_j，$\Delta_j f=f_{j+1}-f_j$，

$$f_j(x)=\begin{cases}\dfrac{1}{|Q_k^j|}\displaystyle\int_{Q_k^j} f dx & x\in Q_k^j\\ f(x) & x\notin\displaystyle\bigcup_k Q_k^j.\end{cases}$$

容易看到

(1) $\Delta_j f(x)=0$，当 $x\notin\bigcup\limits_k Q_k^j$，且 $\Delta_j f(x)$在 Q_k^j 上的平均值为 0，因为

$$\begin{aligned}&\frac{1}{|Q_k^j|}\int_{Q_k^j}[f_{j+1}(x)-f_j(x)]dx\\&=\frac{1}{|Q_k^j|}\int_{Q_k^j} f_{j+1}(x)dx-\frac{1}{|Q_k^j|}\int_{Q_k^j} f_j(x)dx\\&=\frac{1}{|Q_k^j|}\left[\int_{Q_k^j\setminus Q_l^{j+1}} f(x)dx\right.\\&\quad\left.+\int_{Q_l^{j+1}}\left(\frac{1}{|Q_l^{j+1}|}\int_{Q_l^{j+1}} f(x)dx\right)dy\right]\\&\quad-\frac{1}{|Q_k^j|}\int_{Q_k^j} f(x)dx\\&=\frac{1}{|Q_k^j|}\left[\int_{Q_k^j\setminus Q_l^{j+1}} f(x)dx+\int_{Q_l^{j+1}} f(x)dx\right]\\&\quad-\frac{1}{|Q_k^j|}\int_{Q_k^j} f(x)dx\end{aligned}$$

$$= \frac{1}{|Q_k^j|}\int_{Q_k^j} f(x)dx - \frac{1}{|Q_k^j|}\int_{Q_k^j} f(x)dx = 0.$$

(2) 对 $i < j$, $\Delta_i f$ 在每个 Q_k^j 上是常数,因为

$$\Delta_i f = f_{i+1} - f_i = \frac{1}{|Q_l^{i+1}|}\int_{Q_l^{i+1}} f(x)dx$$

$$- \frac{1}{|Q_s^i|}\int_{Q_s^i} f(x)dx = c.$$

(3) 当 $j \to -\infty$ 时, $f_j \to 0$, $j \to +\infty$ 时, $f_j \to f$. 所以

$$f = \sum_{j=-\infty}^{+\infty} \Delta_j f.$$

从 (1) (2) 可知 $\Delta_j f$ 是正交的. 因此

$$\|f\|_2 = \left(\sum_j \|\Delta_j f\|_2^2\right)^{1/2} = \left\|\left(\sum_j |\Delta_j f(x)|^2\right)^{1/2}\right\|_2.$$

另一方面,平方函数 $\left(\sum_j |\Delta_j f(x)|^2\right)^{1/2}$ 实际上就是二进极大函数. 因为若 $c^j \ll M_d(f)(x)$, 则存在某个 k 使得 $x \in Q_k^j$, 从而 $\Delta_j f(x) \sim c^j$. 由此得到

$$\left(\sum_j |\Delta_j f(x)|^2\right)^{1/2} \geqslant cM_d(f)(x).$$

§3. Calderón-Zygmund 卷积算子的加权不等式

我们要证明下述 Calderón-Zygmund 奇异积分的加权 $L^p(\mathbf{R}^n)$ 有界性.

定理 (3.1) 设 $k(x)$ 满足定理 (1.3) 的条件,则对 $1<p<\infty$ 和 $\omega \in A_p$, Calderón-Zygmund 奇异积分算子 $Tf(x) = k * f(x)$ 在 $L^p(\omega dx)$ 上有界.

我们需要下面的引理:

引理 (3.2) 设 T 如 (3.1), $p > 1$, 则对 $f \in L_c^\infty(\mathbf{R}^n)$ (即紧支集 $L^\infty(\mathbf{R}^n)$ 函数),有

$$(Tf)^{\#}(x) \leqslant c(M(|f|^p)(x))^{1/p}.$$

证明：令 $f\in L_c^\infty(\mathbf{R}^n)$，$Q$是中心在 x_0 的方体，$f_1=f\chi_{2Q}$，$f_2=f-f_1$，则

$$\begin{aligned}\frac{1}{|Q|}\int_Q |Tf-Tf_2(x_0)|dx &\leqslant \frac{1}{|Q|}\int_Q |Tf_1|dx \\ &+\frac{1}{|Q|}\int_Q |Tf_2(x)-Tf_2(x_0)|dx \\ &\leqslant \left\{\frac{1}{|Q|}\int_Q |Tf_1|^p dx\right\}^{1/p}+cM(f)(x_0) \\ &\leqslant c\left\{\frac{1}{|Q|}\int_{2Q} |f_1|^p dx\right\}^{1/p}+cM(f)(x_0) \\ &\leqslant c(M(|f|^p)(x_0))^{1/p}.\end{aligned}$$

由于Q和 x_0 的任意性，引理 (3.2) 获证.

引理 (3.3) 令 $\omega\in A_p$，$f\in L_c^\infty(\mathbf{R}^n)$，则 $\inf(1, M(Tf))\in L^p(\omega dx)$.

证明：如果 $f\in L_c^\infty(\mathbf{R}^n)$，则 $Tf\in L^1_{\mathrm{loc}}(\mathbf{R}^n)$ 且被 $c\cdot|x|^{-n}$ 控制，于是 $M(Tf)(x)$ 被 $c\log|x||x|^{-n}$ 所控制。令Q是单位方体，则 $M(M(\chi_Q))(x)$ 当 x 增加时其增长阶等价于 $c\log|x||x|^{-n}$，因此

$$\int_{\mathbf{R}^n}|\inf(1, M(Tf))|^p\omega dx\leqslant c+c\int_{\mathbf{R}^n}|M(M\chi_Q)|^p\omega dx<\infty.$$

现在我们证明定理 (3.1)．因为 $\omega\in A_p$，存在 $r=r(\omega)>1$，使得 $\omega\in A_{\frac{p}{r}}$，再应用引理 (3.2) 我们得到对 $f\in L_c^\infty(\mathbf{R}^n)$，

$$\begin{aligned}\|Tf\|_{L^p(\omega dx)} &\leqslant \|(Tf)^{\#}\|_{L^p(\omega dx)} \\ &\leqslant c\|(M(|f|^r))^{1/r}\|_{L^p(\omega dx)} \\ &\leqslant c\|M(|f|^r)\|^{\frac{1}{r}}_{L^{\frac{p}{r}}(\omega dx)} \\ &\leqslant c\||f|^r\|^{\frac{1}{r}}_{L^{\frac{p}{r}}(\omega dx)}\leqslant c\|f\|_{L^p(\omega dx)}.\end{aligned}$$

进一步我们还有

定理 (3.4) 设 $\omega\in A_1$，T 如 (3.1)，则T是 $L^1(\omega dx)$ 到弱

$L^1(\omega dx)$ 上的有界算子.

§4. Calderón-Zygmund 奇异积分算子在其它空间中的作用

在这一节我们主要研究 Calderón-Zygmund 奇异积分算子在 $L^\infty(\mathbf{R}^n)$, $\mathrm{BMO}(\mathbf{R}^n)$, $H^1(\mathbf{R}^n)$ 和 $H^p(\mathbf{R}^n)$ 以及 $\mathrm{Lip}\alpha$, Besov 空间上的作用.

定理 (4.1) 设 $k(x)$ 满足条件

$$|k(x-y)-k(x)| \leqslant c \cdot \frac{|y|}{|x-y|^{n+1}}, |x| \geqslant 2|y|,$$

同时 $T(f)(x) = k * f(x)$ 在 $L^2(\mathbf{R}^n)$ 上有界,则 T 是由 $L^\infty(\mathbf{R}^n)$ 到 $\mathrm{BMO}(\mathbf{R}^n)$上的有界算子.

证明: 我们首先要给出当 $f \in L^\infty(\mathbf{R}^n)$ 时, $T(f)$ 的意义. 令 $\{Q_i\}$是所有中心为有理数坐标, 边长亦为有理数的方体集合, $E = \bigcup\limits_i \partial Q_i$, ∂Q_i 为 Q_i 的边界. 对任意$(x_1, x_2) \in (\mathbf{R}^n \backslash E) \times (\mathbf{R}^n \backslash E)$, 取方体 $Q \in \{Q_i\}$, 使得 $x_1, x_2 \in Q$, $f_1 = f\chi_{2Q}$, $f_2 = f - f_1$. 定义

$$F(x_1, x_2) = Tf_1(x_1) - Tf_1(x_2) + \int_{\mathbf{R}^n} (k(x_1 - y) - k(x_2 - y)) f_2(y) dy.$$

注意到 F 几乎处处有定义,同时 F 并不依赖于 Q 的选取, 进一步, 对几乎处处 $x_1 \in \mathbf{R}^n$ 和 $x_2 \in \mathbf{R}^n$, $F(x, x_1) - F(x, x_2)$ 作为 x 的函数是一个常数,下面定义 Tf 是一个等价类,即 $x \to F(x, x_1)$ 的等价类.

我们要证明 $T: L^\infty(\mathbf{R}^n) \to \mathrm{BMO}(\mathbf{R}^n)$ 有界, 只需证明当 x_Q 是 Q 的中心时,

$$\frac{1}{|Q|} \int_Q |F(x, x_Q) + Tf_1(x_Q)| dx \leqslant c \|f\|_{L^\infty}.$$

对 $f \in L^\infty(\mathbf{R}^n)$ 和所有方体 $Q \in \{Q_i\}$ 成立. 这是因为

$$\frac{1}{|Q|}\int_Q |Tf_1(x)|dx \leqslant \left(\frac{1}{|Q|}\int_Q |Tf_1(x)|^2 dx\right)^{1/2}$$

$$\leqslant c\left(\frac{1}{|Q|}\int_{2Q} |f_1(x)|^2 dx\right)^{1/2} \leqslant c\|f\|_\infty.$$

$$\frac{1}{|Q|}\int_Q \left|\int_{\mathbf{R}^n} (k(x-y)-k(x_Q-y))f_2(y)dy\right|dx$$

$$\leqslant \frac{1}{|Q|}\int_Q \int_{\mathbf{R}^n\setminus 2Q} |k(x-y)-k(x_Q-y)||f(y)|dydx$$

$$\leqslant \frac{c}{|Q|}\int_Q \int_{\mathbf{R}^n\setminus 2Q} \frac{|x-x_Q|}{|y-x_Q|^{n+1}}dydx\|f\|_\infty \leqslant c\|f\|_\infty.$$

推论 (4.2) 设 T 如定理 (4.1)，则 T 是 $H^1(\mathbf{R}^n)\to L^1(\mathbf{R}^n)$ 上的有界算子.

证明：这个定理可以通过共轭算子并利用定理 (4.1) 的结果直接得到. 我们在这里利用原子 H^p 空间给出另一个证明，作为原子 H^p 空间在证明算子有界性时的一个应用.

我们只需证明：如果 a 是任意一个 (1, 2, 0) 原子，则存在与 a 无关的常数 c，使得

$$\|Ta\|_1 \leqslant c.$$

因为对 $f\in H^1(\mathbf{R}^n)$，我们有 $f=\sum_j \lambda_j a_j$，其中每个 a_j 都是 (1, 2, 0) 原子，同时 $\sum_j |\lambda_j|<\infty$，所以

$$\|Tf\|_1 \leqslant \sum_j |\lambda_j|\|Ta_j\| \leqslant c\sum_j |\lambda_j|.$$

由于上述不等式对 f 的所有原子分解都成立，所以

$$\|Tf\|_1 \leqslant c\|f\|_{H^{1,2,0}} \leqslant c\|f\|_{H^1}.$$

要证明 $\|Ta\|_1\leqslant c$，不妨设 a 是一个中心在原点的 (1, 2, 0) 原子，其支集为 Q. 则

$$\|Ta\|_1 = \int_{2Q} |Ta(x)|dx + \int_{\mathbf{R}^n\setminus 2Q} |Ta(x)|dx = \mathrm{I}+\mathrm{II}.$$

对于 I，由 Hölder 不等式和 T 的强(2,2) 型结果以及原子的大小

条件得到

$$\mathrm{I} \leqslant c|Q|^{1/2}\left(\int_{2Q} |Ta(x)|^2 dx\right)^{1/2} \leqslant c|Q|^{1/2}\|a\|_2 \leqslant c.$$

对于II，利用原子的消失矩条件和 k 的估计得到

$$|T(a)(x)| = \left|\int_{\mathbf{R}^n} k(x-y)a(y)dy\right|$$

$$= \left|\int_{\mathbf{R}^n} [k(x-y) - k(x)]a(y)dy\right|$$

$$\leqslant c\int_Q \frac{|y|}{|x-y|^{n+1}} |a(y)|dy \leqslant c\ \frac{|Q|^{\frac{1}{n}}}{|x|^{n+1}},$$

其中 $x \in \mathbf{R}^n \backslash 2Q$. 所以

$$\mathrm{II} \leqslant c\int_{\mathbf{R}^n\backslash 2Q} \frac{|Q|^{\frac{1}{n}}}{|x|^{n+1}} dx \leqslant c.$$

推论(4.2)获证。

下面我们证明当奇异积分核 k 满足消失矩条件时，$Tf = k*f$ 实际上是 $H^1(\mathbf{R}^n) \to H^1(\mathbf{R}^n)$ 的有界算子。我们称 $T^*(1) = 0$，如果对所有 $f \in H^1(\mathbf{R}^n)$ 都有 $\int_{\mathbf{R}^n} T(f)(x)dx = 0$.

定理 (4.3) 设 T 如定理(4.1)且 $T^*(1) = 0$，则 T 是 $H^1(\mathbf{R}^n) \to H^1(\mathbf{R}^n)$ 上的有界算子。

证明：应用 H^1 的分子刻划证明定理(4.3)。具体地我们要证明对任意一个 $(1, 2, 0)$ 原子 a，Ta 是一个 $(1, 2, 0, \varepsilon)$ 分子，其中 $0<\varepsilon<\frac{1}{n}$.

显然，由条件我们只需要验证分子的范数条件：

$$\|Ta\|_2^{\frac{a}{b}} \leqslant c\|Q\|_2^{\frac{a}{b}} \leqslant c|Q|^{-\frac{a}{2b}},$$

$$\||x|^{nb}Ta(x)\|_2^2 = \int_{2Q} (|x|^{nb}|Ta(x)|)^2 dx$$

$$+ \int_{\mathbf{R}^n\backslash 2Q} (|x|^{nb}|Ta(x)|)^2 dx = \mathrm{I} + \mathrm{II},$$

其中 Q 是 a 的支集，不失一般性我们这里假设 Q 的中心在原点。

对于 I，由 T 是强 (2,2) 型结果可知

$$\mathrm{I} \leqslant c|Q|^{2b}\|a\|_2^2 \leqslant c|Q|^{2b}|Q|^{-1} = c|Q|^{2b-1}.$$

对于 II，由定理 (4.2) 的证明可知

$$|T(a)(x)| \leqslant c\frac{|Q|^{\frac{1}{n}}}{|x|^{n+1}}, \quad x \in \mathbf{R}^n \backslash 2Q.$$

所以

$$\mathrm{II} \leqslant c\int_{\mathbf{R}^n \backslash 2Q} \frac{|Q|^{\frac{2}{n}}}{|x|^{2(n+1)-2nb}} dx.$$

注意到 $b = \frac{1}{2} + \varepsilon$ 以及 $\varepsilon < \frac{1}{n}$，所以 $(2n+2) - 2nb > n$. 因此

$$\mathrm{II} \leqslant c|Q|^{\frac{2}{n}}|Q|^{\frac{1}{n}[n-(2n+2)+2nb]} = c|Q|^{2b-1}.$$

这就证明了

$$\|T(a)(x)|x|^{nb}\|_2^{\left(1-\frac{a}{b}\right)} \leqslant c|Q|^{\left(b-\frac{1}{2}\right)\left(1-\frac{a}{b}\right)}.$$

最后我们得到

$$\|T(a)\|_2^{\frac{a}{b}}\|T(a)(x)|x|^{nb}\|_2^{\left(1-\frac{a}{b}\right)} \leqslant c|Q|^{-\frac{a}{2b}}|Q|^{\left(b-\frac{1}{2}\right)\left(1-\frac{a}{b}\right)}$$
$$= c|Q|^{\frac{b-a-\frac{1}{2}}{b}} = c.$$

这说明 $T(a)$ 是一个 $(1, 2, 0, \varepsilon)$ 分子且分子范数与 a 无关，再由标准的证明可知 T 是 $H^1(\mathbf{R}^n) \to H^1(\mathbf{R}^n)$ 的有界算子。

定理 (4.4) 设 $k(x)$ 满足条件

(1) $|k(x-y)| \leqslant c\frac{1}{|x-y|^n}$；

(2) $|k(x-y) - k(x'-y)| \leqslant c|x-x'|^{\delta}|x-y|^{-n-\delta}$，当 $|x-y| \geqslant 2|x-x'|$ 时，同时 $Tf(x) = k*f(x)$ 在 $L^2(\mathbf{R}^n)$ 上是有界的. 如果 $T(\varphi) = 0$ 对任意 $\varphi \in \mathscr{S}(\mathbf{R}^n)$，$\int_{\mathbf{R}^n} \varphi(x)dx = 0$，则 $T: B^s \to B^s$ 是有界算子，其中 $0 < s < \delta$，$B^s = \Lambda^s_{2,2}$，$\Lambda^s_{p,q}$ $(s \in \mathbf{R}, 1 \leqslant p \leqslant \infty, 1 \leqslant q \leqslant \infty)$ 是 Besov 空间.

定理 (4.4) 的证明以及 Besov 空间的进一步性质可看 [14]。

定理(4.5) 设 $m \leqslant s < m+1$, $m \in \mathbf{Z}$, $s > 0$, $k(x)$ 满足定理(4.4)的条件,如果 $T(x^\alpha)=0$ 对所有 $\alpha \in \mathbf{Z}^+$, $|\alpha| \leqslant m$ 成立,则 T 是 $\Lambda^s \to \Lambda^s$ 上的有界算子,其中 Λ^s 是 Hölder 空间.

定理(4.5)的证明以及 Hölder 空间的进一步性质可看[19].

§5. Calderón-Zygmund 算子

在许多问题中,特别是在伪微分算子理论中,算子 T 往往不是卷积算子,其典型的例子就是 Calderón 提出的高阶交换子

$$C(f)(x)=\frac{1}{\pi}\,\text{p.v.}\int_{-\infty}^{+\infty}\left(\frac{A(x)-A(y)}{x-y}\right)^k\frac{f(y)}{x-y}\,dy,$$

其中 $A' \in L^\infty(\mathbf{R})$.

现在我们给出一般的(或称推广的) Calderón-Zygmund 算子. 考虑 $D(\mathbf{R}^n) \to D'(\mathbf{R}^n)$ 上的连续线性算子 T, 这里 $D(\mathbf{R}^n)=C_0^\infty(\mathbf{R}^n)$, 具有紧支集的 $\mathscr{S}$ 函数, $D'(\mathbf{R}^n)$ 是 $D(\mathbf{R}^n)$ 的对偶空间, 进一步假设,对于任意 $\varphi \in D(\mathbf{R}^n)$, $T(\varphi)$ 在 φ 的支集之外有下面的积分表示:

$$T(\varphi)(x)=\int_{\mathbf{R}^n} k(x,y)\varphi(y)\,dy,$$

这里 $k(x,y)$ 是定义在 $x \neq y$, $x \in \mathbf{R}^n$, $y \in \mathbf{R}^n$ 上的一个函数, 它满足下面三个条件:

(1) 存在常数 c, 使得 $|k(x,y)| \leqslant c|x-y|^{-n}$;

(2) 存在 $\delta \in (0,1]$ 和常数 c, 使得

$$|k(x',y)-k(x,y)| \leqslant c|x-x'|^\delta|x-y|^{-n-\delta},$$
$$|x-y| \geqslant 2|x-x'|;$$

(3) $$|k(x,y)-k(x,y')| \leqslant c|y-y'|^\delta|x-y|^{-n-\delta},$$
$$|x-y| \geqslant 2|y-y'|;$$

这些条件仅仅描述了在 φ 支集之外的 $T(\varphi)$, 但对于 φ 支集之内的点,并没有给出 $T(\varphi)$ 的任何信息. 显然, 函数 $k(x,y)$ 就确定和研究算子 T 而言是不够的, 因此称 $k(x,y)$ 是 T 的一个分

布核，如果对于任意 $\varphi_1, \varphi_2 \in D(\mathbf{R}^n)$，有

(4) $\langle k, \varphi_1 \otimes \varphi_2 \rangle = \langle T\varphi_1, \varphi_2 \rangle$.

记 $U = \{(x, y) \in \mathbf{R}^n \times \mathbf{R}^n : x \neq y\}$，若函数 $k: U \to \mathbf{C}$ 满足条件 (1)，(2) 和 (3)，则 k 可以看成是 T 的分布核在 U 上的限制.

加在 k 上的这些条件的显著特点是它们在平移和伸缩变换下保持不变. 我们看到，$L^2(\mathbf{R}^n)$ 有界性是 Calderón-Zygmund 卷积算子具有 $L^p(\mathbf{R}^n)$ 有界性的关键，$L^2(\mathbf{R}^n)$ 有界性对卷积算子是通过 Fourier 变换的方法得到的. 然而，对于这种推广的非卷积型算子，Fourier 变换已经不再有效了. 因此我们引入下面的定义:

定义 (5.1) 设 T 是由 $D(\mathbf{R}^n) \to D'(\mathbf{R}^n)$ 的连续、线性算子，其分布核满足 (1)，(2) 和 (3)，且

$$T(\varphi)(x) = \int_{\mathbf{R}^n} k(x, y)\varphi(y)dy,$$

其中 $x \notin \operatorname{supp} \varphi$.

如果 T 能扩张成 $L^2(\mathbf{R}^n)$ 上的有界算子，则 T 称作 Calderón-Zygmund 算子.

用完全相同的方法，我们可以证明 Calderón-Zygmund 算子的 $L^p(\mathbf{R}^n)$ 有界性，弱 (1,1) 型，$H^1(\mathbf{R}^n) \to L^1(\mathbf{R}^n)$ 的有界性，$L^\infty(\mathbf{R}^n) \to \mathrm{BMO}(\mathbf{R}^n)$ 的有界性以及加权不等式.

现在的问题是如何确定一个算子 $T: D(\mathbf{R}^n) \to D'(\mathbf{R}^n)$，其分布核 k 满足条件 (1)，(2) 和 (3) 是否是 Calderón-Zygmund 算子. 换言之，能否找到 T 是 Calderón-Zygmund 算子的充分必要条件.

为此，我们要给出算子 T 对函数 1 的作用的确切定义. 更一般地，设 $f \in C^\infty(\mathbf{R}^n)$ 有界，我们定义 $T(f)$ 是作用在 $C_{0,0}^\infty(\mathbf{R}^n) = \left\{f \in D(\mathbf{R}^n): \int_{\mathbf{R}^n} f(x)dx = 0\right\}$ 上的分布，即对 $g \in C_{0,0}^\infty(\mathbf{R}^n)$，我们要给出 $\langle Tf, g \rangle$ 的确切定义. 令 $f_1 \in D(\mathbf{R}^n)$ 并在 g 的支集邻域

内等于 f，$f_2 = f - f_1$. 因为 $f_1 \in D(\mathbf{R}^n)$，所以 $\langle Tf_1, g\rangle$ 有定义. 令

$$\langle Tf_2, g\rangle = \iint k(x, y)f_2(y)g(x)dydx,$$

取 $x_0 \in \mathrm{supp}g$，首先对 x 积分，利用 g 积分为 0 的性质，我们得到

$$\int k(x, y)g(x)dx = \int [k(x, y) - k(x_0, y)]g(x)dx.$$

再由条件 (2)，

$$\int \left| f_2(y) \int k(x, y)g(x)dx \right| dy$$

$$\leqslant c \int_{y \in \mathrm{supp} f_2} \frac{dy}{1 + |y - x_0|^{n+\sigma}} < \infty.$$

所以 $\langle Tf_2, g\rangle$ 被很好地定义了.

显然，$\langle Tf_1, g\rangle + \langle Tf_2, g\rangle$ 并不依赖于 f_1 和 f_2 的选取，这样我们就可以定义 $T(f)$:

$$\langle Tf, g\rangle = \langle Tf_1, g\rangle + \langle Tf_2, g\rangle.$$

因为 BMO $(\mathbf{R}^n)$ 是 $H^1(\mathbf{R}^n)$ 的对偶空间，同时 $C^\infty_{0,0}(\mathbf{R}^n)$ 在 $H^1(\mathbf{R}^n)$ 中稠密，所以我们称一个分布 $h \in D'(\mathbf{R}^n)$ 是一个 BMO$(\mathbf{R}^n)$ 函数，如果对于所有的 $g \in C^\infty_{0,0}(\mathbf{R}^n)$，

$$|\langle h, g\rangle| \leqslant c\|g\|_{H^1}.$$

这样，$T(1) \in$ BMO $(\mathbf{R}^n)$ 就意味着存在常数 c，使得对所有 $g \in C^\infty_{0,0}(\mathbf{R}^n)$，

$$|\langle T(1), g\rangle| \leqslant c\|g\|_{H^1}.$$

我们还需要下面的定义:

定义 (5.2) 算子 $T: D(\mathbf{R}^n) \to D'(\mathbf{R}^n)$ 是连续线性算子，T 称作是弱有界的，如果对于 $D(\mathbf{R}^n)$ 中的任何一个有界集合 $\mathscr{B}$，存在常数 c，使得对所有 $\varphi_1, \varphi_2 \in \mathscr{B}$ 和 $x \in \mathbf{R}^n$，$t > 0$，都有

$$|\langle T\varphi_1^{x,t}, \varphi_2^{x,t}\rangle| \leqslant ct^n,$$

其中 $\varphi_i^{x,t}(y) = \varphi_i\left(\frac{y - x}{t}\right)$，$i = 1, 2$.

很明显，任何一个 $L^2(\mathbf{R}^n)$ 上有界的算子一定是弱有界的. 下

面的定理给出了判断一个算子是否是 Calderón-Zygmund 算子的准则,即所谓的"$T1$"定理:

定理 (5.3) 设 $T: D(\mathbf{R}^n) \to D'(\mathbf{R}^n)$ 是连续线性算子,其分布核 k 满足 (1), (2), (3) 和 (4), 则 T 是一个 Calderón-Zygmund 算子的充分必要条件是:

(1) $T(1) \in \mathrm{BMO}(\mathbf{R}^n)$;

(2) $T^*(1) \in \mathrm{BMO}(\mathbf{R}^n)$;

(3) T 弱有界.

这个定理也称之为"$T1$"定理. 这里先给出它的一个应用. 我们已经知道 Calderón 高阶交换子是

$$c_k(f)(x) = \mathrm{p.v.} \int_{-\infty}^{+\infty} \left(\frac{A(x) - A(y)}{x - y}\right)^k \frac{f(y)}{x - y} dy.$$

容易验证 $c_k(1) = c_{k-1}(A')$, 利用归纳法可知 $c_k(1) \in \mathrm{BMO}(\mathbf{R}^n)$. 再注意到 $k(x, y) = -k(y, x)$, 所以 $c_k^*(1) \in \mathrm{BMO}(\mathbf{R}^n)$. 至于 c_k 的弱有界性可以从

$$\begin{aligned}\langle Tf, g\rangle &= \lim_{\varepsilon \to 0} \int_{|x-y|>\varepsilon} k(x, y) f(y) g(x) dy dx \\ &= \frac{1}{2} \lim_{\varepsilon \to 0} \int_{|x-y|>\varepsilon} k(x, y)[f(y)g(x) - f(x)g(y)] dy dx\end{aligned}$$

得到.

由定理 (5.3), $\|c_k\|_{2,2} \leqslant A c^k \|A'\|_\infty^k$. 于是 $c_k(f)$ 是 $L^2(\mathbf{R}^n) \to L^2(\mathbf{R}^n)$ 的有界算子.

进而我们可以考虑 Cauchy 积分

$$\begin{aligned}C(f)(x) &= \mathrm{p.v.} \int_{-\infty}^{+\infty} \frac{f(y)}{(x - y) + i(A(x) - A(y))} dy \\ &= \sum (-i)^k \, \mathrm{p.v.} \int_{-\infty}^{+\infty} \left(\frac{A(x) - A(y)}{x - y}\right)^k \frac{f(y)}{x - y} dy \\ &= \sum (-i)^k c_k(f)(x).\end{aligned}$$

于是只要 $\|A'\|_\infty$ 充分小,就得到 $C(f)$ 是 $L^2(\mathbf{R}^n) \to L^2(\mathbf{R}^n)$ 上的有界算子.

我们在这里只证明定理 (5.3) 的一个特殊情形:

定理 (5.3) 设 $T: D(\mathbb{R}^n) \to D'(\mathbb{R}^n)$ 是连续线性算子，其分布 k 满足条件 (1), (2), (4) 和 $k(x, y) = -k(y, x)$, 则 T 是 $L^2(\mathbb{R}^n)$ 上有界算子的充分必要条件是 $T(1) \in \mathrm{BMO}(\mathbb{R}^n)$.

证明: 必要性是显然的，关键是证明充分性. 取 $\varphi \in C_0^\infty(\mathbb{R}^n)$ 使得 φ 是支集在单位球上的放射函数，同时

$$\hat{\varphi}(|\xi|) = 1 + o(|\xi|^4), \quad 当 \ |\xi| \to 0 \ 时,$$

定义 $\widehat{P_t f}(\xi) = \hat{\varphi}(t|\xi|)\hat{f}(\xi)$, $\widehat{Q_t f}(\xi) = (t|\xi|)^2\hat{\varphi}(t|\xi|)\hat{f}(\xi)$,

$$\widehat{R_t f}(\xi) = (t|\xi|)^{-1}\hat{\varphi}'(t|\xi|)\hat{f}(\xi).$$

我们有 $\dfrac{d}{dt} P_t^2 = \dfrac{2}{t} R_t Q_t$. 这就推出

$$\frac{1}{2}\frac{d}{dt} P_t^2 T P_t^2 = \frac{1}{t}(R_t Q_t T p_t^2 + p_t^2 T R_t Q_t).$$

要证明 T 在 $L^2(\mathbb{R}^n)$ 上有界，先证明

$$|\langle f, Tg\rangle| \leqslant c\|f\|_2\|g\|_2 \ 对一切 \ f, g \in \mathscr{S}(\mathbb{R}^n).$$

注意到 $\langle f, P_t^2 T P_t^2 g\rangle \to 0$, 当 $t \to \infty$ 时，因此只需证明

$$\left|\int_0^\infty \frac{d}{dt}\langle f, P_t^2 T P_t^2 g\rangle dt\right| \leqslant c\|f\|_2\|g\|_2, 对 \ f, g \in \mathscr{S}(\mathbb{R}^n),$$

这是因为 p_0 是恒等算子. 又因为 P_t, Q_t, R_t (分别表示算子 $\widehat{P_t f}$, $\widehat{Q_t f}$ 和 $\widehat{R_t f}$) 都是自伴算子，$T^* = -T$, 所以我们只需要证明:

$$\left|\int_0^\infty \langle f, R_t Q_t T P_t^2 g\rangle \frac{dt}{t}\right| \leqslant c\|f\|_2\|g\|_2, \ f, g \in \mathscr{S}(\mathbb{R}^n).$$

首先我们证明下面的引理:

引理 (5.4) 令 $\varphi, \psi \in C_0^\infty(\mathbb{R}^n)$, 其支集是单位球，同时

$$\int_{\mathbb{R}^n} \psi(x)dx = 0,$$

则

$$|\langle \psi^{x,t}, T\varphi^{y,t}\rangle| \leqslant cP_t(x-y),$$

其中 P_t 是 Poisson 核.

证明: 利用 T 的分布核的性质直接计算得到:

$2\langle \psi^{x,t}, T\varphi^{y,t}\rangle$

$$= \lim_{\varepsilon\to 0} \iint_{|\xi-\eta|>\varepsilon} k(\xi,\eta)(\psi^{x,t}(\xi)\varphi^{y,t}(\eta) - \psi^{x,t}(\eta)\varphi^{x,t}(\xi))d\eta d\xi$$

$$= \lim_{\varepsilon\to 0} \iint_{|\xi-\eta|>\varepsilon} k(t\xi + y,\ t\eta + y)$$

$$(\psi^{\frac{x-y}{t},1}(\xi)\varphi(\eta) - \psi^{\frac{x-y}{t},1}(\eta)\varphi(\xi))d\eta d\xi,$$

因此我们只需要对 $y = 0$ 证明引理 (5.4) 即可.

若 $|x| < 10t$，有

$$|\langle \psi^{x,t},\ T\varphi_t\rangle| \leqslant \frac{1}{t^n}\cdot\frac{c}{\left(1+\left(\frac{|x|}{t}\right)^2\right)^{n+1/2}} = cP_t(x).$$

若 $|x| \geqslant 10t$，则我们得到

$$|\langle \psi^{x,t},\ T\varphi_t\rangle| = \left|\iint (k(\xi,\ \eta) - k(x,\ \eta))\psi^{x,t}(\xi)\varphi_t(\eta)d\eta d\xi\right|$$

$$\leqslant \iint |k(t\xi,\ t\eta) - k(x,\ t\eta)|\psi^{\frac{x}{t},1}(\xi)\varphi(\eta)d\eta d\xi$$

$$\leqslant c\cdot\frac{t}{|x|^{n+1}} \leqslant c\ \frac{t}{(t^2 + |x|^2)^{n+1/2}} = cP_t(x).$$

这就证明了引理 (5.4).

现令 $L_t = Q_tTP_t$，其中

$$L_t(f)(x) = \int_{\mathbf{R}^n} L_t(x,\ y)f(y)dy.$$

$L_t(x,\ y)$ 满足 $|L_t(x,\ y)| \leqslant cP_t(x - y)$，这可以由引理 (5.4) 得到，因为

$$\left|\int_0^\infty \langle f,\ R_tQ_tTP_t^2g\rangle\ \frac{dt}{t}\right| \leqslant \int_0^\infty |\langle R_tf,\ Q_tTP_t^2g\rangle|\ \frac{dt}{t}$$

$$\leqslant \int_0^\infty \|R_tf\|_2^2\ \frac{dt}{t} + \int_0^\infty \|Q_tTP_t^2g\|_2^2\ \frac{dt}{t} = \mathrm{I} + \mathrm{II}.$$

对于 I，我们有

$$\mathrm{I} = \int_0^\infty \left\|\frac{\hat\varphi'(t|\xi|)}{t|\xi|}\hat f(\xi)\right\|_2^2\frac{dt}{t} \leqslant c\|\hat f\|_2^2 = c\|f\|_2^2.$$

对于 II，我们有 $Q_tTP_t^2g = L_tP_tg$，所以

$$((L_tP_t)g)(x) = L_t[P_tg - P_tg(x)](x) + P_tg(x)L_t(1)(x)$$
$$= L_t[P_tg - P_tg(x)](x) + P_tg(x)Q_tT(1)(x).$$

由 $T(1) \in \mathrm{BMO}(\mathbf{R}^n)$ 推出 $|Q_tT1|^2 \frac{dx\,dt}{t}$ 是一个 Carleson 测度，因此

$$\int_0^\infty \|P_tg(x)Q_tT(1)\|_2^2 \frac{dt}{t} = \iint_{\mathbf{R}_+^{n+1}} |P_tg(x)|^2|Q_tT1|^2 \frac{dx\,dt}{t}$$
$$\leqslant c\|g\|_2^2.$$

再由 Jensen 不等式，

$$A(x, t) \equiv |L_t(P_tg - P_tg(x))(x)|^2$$
$$= \left|\int_{\mathbf{R}^n} L_t(x, y)(P_tg(y) - P_tg(x))dy\right|^2$$
$$\leqslant c \int_{\mathbf{R}^n} P_t(x - y)|P_tg(y) - P_tg(x)|^2 dy.$$

于是

$$\int_0^\infty \|L_t(P_tg - P_tg(x))(x)\|_2^2 \frac{dt}{t} = \iint_{\mathbf{R}_+^{n+1}} A(x, t) \frac{dx\,dt}{t}$$
$$\leqslant c \int_0^\infty \int_{\mathbf{R}^n} \int_{\mathbf{R}^n} P_t(x - y)|P_tg(y) - P_tg(x)|^2 dy\,dx \frac{dt}{t}$$
$$= c \int_0^\infty \int_{\mathbf{R}^n} \int_{\mathbf{R}^n} P_t(x)|P_tg(y) - P_tg(x + y)|^2 dy\,dx \frac{dt}{t}$$
$$= c \int_0^\infty \int_{\mathbf{R}^n} \int_{\mathbf{R}^n} P_t(x)|(\widehat{P_tg(\cdot) - P_tg(\cdot + x)})(\xi)|^2 d\xi\,dx \frac{dt}{t}$$
$$= c \int_0^\infty \int_{\mathbf{R}^n} \int_{\mathbf{R}^n} P_t(x)|\hat{\varphi}(t|\xi|)|^2|1 - e^{i\langle x,\xi\rangle}|^2|\hat{g}(\xi)|^2 d\xi\,dx \frac{dt}{t}.$$

因为

$$\int_{\mathbf{R}^n} P_t(x)|1 - e^{i\langle x,\xi\rangle}|^2 dx = 2 - 2e^{-|\xi|t},$$

所以

$$\int_0^\infty \|L_t(P_t g - P_t g(x))(x)\|_2^2 \frac{dt}{t}$$

$$\leqslant c \int_{\mathbf{R}^n} \int_0^\infty 2(1 - e^{-|\xi|t}) |\hat{\varphi}(t|\xi|)|^2 \frac{dt}{t} \; |\hat{g}(\xi)| d\xi$$

$$\leqslant c \int_{\mathbf{R}^n} \Big(\int_0^{1/|\xi|} (1 - e^{-|\xi|t}) \frac{dt}{t}$$

$$+ \int_{1/|\xi|}^\infty |\hat{\varphi}(t|\xi|)|^2 \frac{dt}{t} \Big) |\hat{g}(\xi)|^2 d\xi \leqslant c\|g\|_2^2.$$

这样我们就证明了

$$\left| \int_0^\infty \langle f, R_t Q_t T P_t^2 g \rangle \frac{dt}{t} \right|$$

$$\leqslant c(\|f\|_2^2 + \|g\|_2^2), \text{ 对一切 } f, g \in \mathscr{S}(\mathbf{R}^n).$$

于是定理 (5.3)′ 获证。

第六章 Lipschitz 区域上的边值问题

在这一章中我们将讨论 Lipschitz 区域上的线性椭圆方程的边值问题．由于这部分成果是由 B. E. J. Dahlberg 和 C. E. Kenig 最近得到的，我们不可能很详细地逐个定理加以证明，本章强调的重点是解决问题的思想和如何应用前五章介绍调和分析时所用的工具．

我们称Ω是$\mathbf{R}^n$中一个 Lipschitz 区域，如果它的边界$\partial\Omega$可局部地由一个 Lipschitz 函数的图形给出．函数φ称作是一个 Lipschitz 函数，如果存在一个常数$M<\infty$，使得

$$|\varphi(x)-\varphi(y)|\leqslant M|x-y|$$

对所有$x, y\in\mathbf{R}^n$成立．

解决椭圆方程边值问题的基本出发点是将它转化成一类积分方程的问题，然后利用 Calderón-Zygmund 奇异积分理论证明积分算子的$L^p(\mathbf{R}^n)$有界性，最后证明算子的可逆性．算子$L^p(\mathbf{R}^n)$有界性主要依赖于 Cauchy 积分的有界性

$$Tf(z)=\int_\Gamma\frac{f(\omega)}{z-\omega}d\omega,$$

其中Γ是一个 Lipschitz 曲线，这在第五章我们已经部分地讨论了．至于算子的可逆性，则是通过所谓的“Rellich 引理”和泛函中的基本结果得到的．

本章我们主要讨论

(一) Dirichlet 问题：

$$\begin{cases}\Delta u=0, & \text{在}\,\Omega\,\text{内},\\ u=f, & \text{在}\,\partial\Omega\,\text{上}.\end{cases}$$

(二) Neumann 问题：

$$\begin{cases}\Delta u = 0, & \text{在}\Omega\text{内},\\ \dfrac{\partial u}{\partial n} = f, & \text{在}\partial\Omega\text{上}.\end{cases}$$

我们要讨论的方程组

（三） 弹性方程组问题：

$$\begin{cases}\Delta u + \nabla \operatorname{div} u = 0, & \text{在}\Omega\text{内},\\ (\nabla u + \nabla u^T)_n = g, & \text{在}\partial\Omega\text{上}.\end{cases}$$

（四） Stoke's 方程问题：

$$\begin{cases}\Delta u = \nabla p, & \text{在}\Omega\text{内},\\ \operatorname{div} u = 0, & \text{在}\Omega\text{内},\\ u = f, & \text{在}\partial\Omega\text{上}.\end{cases}$$

其中(三)和(四)中的 $u = (u_1, u_2, u_3)$，$\Omega \subset \mathbf{R}^3$.

§1. C^2 边界 Dirichlet 问题的 Fredholm 理论

我们先给上半空间上的 Dirichlet 问题的解。 如果 $f \in L^p(\mathbf{R}^n)(1 < P < \infty)$，则 $u(x, y) = P_y * f(x)$ (f 的 Poisson 积分)是

$$\begin{cases}\Delta u = 0, & \text{在}\mathbf{R}^{n+1}_+\text{内},\\ u = f, & \text{在}\partial\mathbf{R}^{n+1}_+ = \mathbf{R}^n\text{上}\end{cases}$$

的解，同时还有

$$\sup_{y>0}\|u(\cdot, y)\|_p \leqslant \|f\|_p.$$

反之，如果 $\sup\limits_{y>0}\|u(\cdot, y)\|_p < \infty$，则 u 几乎处处存在非切向边值 $u_0 = u(\cdot, 0) \in L^p(\mathbf{R}^n)$ 且 $u(x, y) = P_y * u_0(x)$.

现在假设 $\Omega \subset \mathbf{R}^n$ 是一个有界连通区域，其边界属于 C^2.（考虑技术上问题，$n \geqslant 3$）. 考虑下面的 Dirichlet 问题：

$$\begin{cases}\Delta u = 0, & \text{在}\Omega\text{内},\\ u|_{\partial\Omega} = f \in C(\partial\Omega).\end{cases}$$

$$r(x)=c_n|x|^{2-n},\ c_n=-\frac{1}{2-n}\cdot\frac{\Gamma\left(\frac{n}{2}\right)}{2\pi^{n/2}},$$

$$R(x, y)=r(x-y).$$

对 $f\in C(\partial D)$，定义

$$Df(P)=\int_{\partial\Omega}\frac{\partial}{\partial n_Q}R(P, Q)f(Q)d\sigma(Q),\ P\notin\partial\Omega,$$

$$\mathscr{S}(f)(P)=\int_{\partial\Omega}R(P, Q)f(Q)d\sigma(Q),\ P\notin\partial\Omega.$$

$D(f)$和$\mathscr{S}(f)$ 分别称为 f 的双层位势和单层位势，$d\sigma$ 是 $\partial\Omega$ 上的表面测度，$\frac{\partial}{\partial n_Q}$ 是 $\partial\Omega$ 在 Q 点处的外法向导数. 我们直接得到

$$\Delta D(f)(P)=0,\ P\in\mathbf{R}^n\backslash\partial\Omega.$$

于是 $D(f)$ 自然成为 Dirichlet 问题的"近似解"，剩下的只需要研究 $D(f)$ 的边界性质. 解决问题的程序如下：

引理 (1.1) 如果 $f\in C(\partial\Omega)$，则

(1) $D(f)\in C(\bar{\Omega})$;

(2) $D(f)\in C(\bar{\Omega}^c)$.

准确地讲，$D(f)$ 可以从 Ω 内部扩张成 $\bar{\Omega}$ 上的连续函数，或者从 Ω 的外部扩张成 $\bar{\Omega}^c$ 上的连续函数. 记 D_+f 和 D_-f 分别是这些函数在 $\partial\Omega$ 上的限制.

令 $k(P, Q)=\frac{\partial}{\partial n_Q}R(P, Q),\ P\neq Q,\ P, Q\in\partial\Omega$，我们有

(i) $k\in C(\partial\Omega\times\partial\Omega\backslash\{(P, P): P\in\partial\Omega\}$,

(ii) $|k(P, Q)|\leqslant c|P-Q|^{2-n},\ P, Q\in\partial\Omega,\ c<\infty$,

(iii) 可由边界的正规性得到：设 $\partial\Omega$ 由 $\varphi\in C^2$ 的图形给出，$P=(x, \varphi(x)), Q=(y, \varphi(y))$，则

$$k(P, Q)=\frac{1}{\omega_n}\frac{\langle P-Q, n_Q\rangle}{|P-Q|^n},$$

其中 $n_Q = \frac{(\nabla\varphi(y), -1)}{(|\nabla\varphi(y)|^2+1)^{1/2}}$. 因为 $\varphi \in C^2$, 所以

$$\varphi(x) = \varphi(y) + \langle x - y, \nabla\varphi(y)\rangle + e(x, y),$$

其中 $|e(x, y)| = o(|x-y|^2)$, 因此

$$|k(P, Q)| \leqslant c\frac{|\langle P - Q, (\nabla\varphi(y), -1)\rangle|}{|P-Q|^n}$$

$$\leqslant c\frac{|e(x, y)|}{|P-Q|^n} \leqslant c|P-Q|^{2-n}.$$

由于 $\partial\Omega$ 是紧的,所以上述估计对 $P, Q \in \partial\Omega$ 是一致的。

对 $f \in C(\partial\Omega)$, 定义

$$Tf(P) = \int_{\partial\Omega} k(P, Q)f(Q)d\sigma(Q), \ P \in \partial\Omega,$$

我们有

引理 (1.2) (1) $D_+ = \frac{1}{2}I + T$.

(2) $D_- = -\frac{1}{2}I + T$,

其中 I 是恒等算子.

引理 (1.3) $T: C(\partial\Omega) \to C(\partial\Omega)$ 是紧算子.

我们先给出引理 (1.3) 的一个简略证明: 定义

$$T_n f(P) = \int_{\partial\Omega} k_n(P, Q)f(Q)d\sigma(Q), \ P \in \partial\Omega, f \in C(\partial\Omega),$$

其中 $k_n(P, Q) = \text{sign}\,(k(P, Q))\min(n, |k(P, Q)|)$, $n \in \mathbf{Z}^+$. 显然 k_n 在 $\partial\Omega \times \partial\Omega$ 上连续, 由 Arzela-Ascoli 定理导出 T_n 是 $C(\partial\Omega)$ 上的紧算子,进一步, $\|T_n\| \leqslant \sup_{Q\in\partial\Omega}\|k_n(\cdot, Q)\|_1 \leqslant c < \infty$, c 与 n 无关,所以 $T_n \to T$ 在 $C(\partial\Omega)$ 上的有界线性算子空间内收敛,又紧算子空间是有界线性算子空间的闭子空间,所以 T 是紧算子.

简述引理 (1.1) 和引理 (1.2) 的证明. 我们有以下基本事实:

(1) $\int_{\partial\Omega}\frac{\partial}{\partial n_Q}R(P, Q)d\sigma(Q) \equiv 1$, $P \in \Omega$;

(2) $\int_{\partial\Omega} \frac{\partial}{\partial n_Q} R(P, Q) d\sigma(Q) = 0$, $P \notin \bar{\Omega}$;

(3) $\int_{\partial\Omega} k(P, Q) d\sigma(Q) = \frac{1}{2}$, $P \in \partial\Omega$.

令 $P \in \partial\Omega$, 我们要证明 $D(f)(Q) \to \frac{1}{2}f(P) + Tf(P), \Omega \ni Q \to P$.

首先假设$P \notin \operatorname{supp} f$,证明是简单的. 设$f(P) = 0$, 则有

(4) 存在 $c > 0$, 使得 $\int_{\partial\Omega} \left| \frac{\partial}{\partial n_Q} R(P,Q) \right| d\sigma(Q) \leqslant c$, 对所有 $P \notin \partial\Omega$. 由 (4) 推出下面的估计

$$\|D(f)\|_{L^\infty(\mathbf{R}^n \backslash \partial\Omega)} \leqslant c\|f\|_{L^\infty(\partial\Omega)}.$$

现取 $\{f_k\} \in C(\partial\Omega)$, $P \notin \operatorname{supp} f_k$, 使得当 $k \to +\infty$ 时, $\|f - f_k\|_{L^\infty(\partial\Omega)} \to 0$.

由T的有界性推出 $Tf_k(P) \to Tf(P) (k \to \infty)$. 因此

$$|Df(Q) - T(f)(P)| \leqslant c\|f - f_k\|_{L^\infty(\mathbf{R}^n \backslash \partial\Omega)} + |Df_k(Q) - Tf_k(P)| + |Tf_k(P) - Tf(P)| \to 0,\ Q(\in \Omega) \to P,$$

当 $k \to \infty$ 时.

现在讨论单层位势. 显然当 $f \in C(\partial\Omega)$ 时, $\mathscr{S}(f)$ 在 $\mathbf{R}^n \backslash \partial\Omega$ 中调和,在 $\mathbf{R}^n$ 中连续. 其次我们要比较 $\mathscr{S}(f)$ 的法向导数和 $D(f)$ 在 $\partial\Omega$ 上的值. 我们有以下结果:

引理 (1.4) 如果 $f \in C(\partial\Omega)$, 则

(1) $D\mathscr{S} f \in C(\overline{V \cap \Omega})$;

(2) $D\mathscr{S} f \in C(\overline{V \cap \Omega^c})$,

其中对 $\varepsilon > 0$ 充分小, $(-\varepsilon, \varepsilon) \times \partial\Omega \ni (t, P) \to P + tn_P \in V$, V 是 $\partial\Omega$ 的一个邻域,

$$D\mathscr{S} f(P + tn_P) = \int_{\partial\Omega} \frac{\partial}{\partial n_P} R(P + tn_P, Q) f(Q) d\sigma(Q).$$

令 $D_+\mathscr{S} f$ 是 $D\mathscr{S} f$ 从 $V \cap \Omega$ 内部扩张到 $\overline{V \cap \Omega}$ 上函数在 $\partial\Omega$ 上的限制, $D_-\mathscr{S} f$ 是 $D\mathscr{S} f$ 从 $V \cap \Omega^c$ 的外部扩张到 $\overline{V \cap \Omega^c}$ 上函

数在 $\partial\Omega$ 上的限制,注意到 $R(P,Q)=R(Q,P)$,并记 $k^*(P,Q)=k(Q,P)$,定义

$$T^*f(P)=\int_{\partial\Omega}k^*(P,Q)f(Q)d\sigma(Q),\ P\in\partial\Omega,$$

是 T 的共轭算子。

引理 (1.5) (1) $D_+\mathscr{S}=-\frac{1}{2}I+T^*$,

(2) $D_-\mathscr{S}=\frac{1}{2}I+T^*$.

现在我们给出 Dirichlet 问题解的存在性的一个简单说明。首先,$D_+:C(\partial\Omega)\to C(\partial\Omega)$ 是映上的,这是因为 $D_+=\frac{1}{2}I+T$,T 是紧的,应用 Fredholm 理论可知 $\frac{1}{2}I+T=D_+$ 是映上的充分必要条件是 $\frac{1}{2}I+T^*=D_-\mathscr{S}$ 是一一的。设对某个 $f\in C(\partial\Omega)$,$D_-\mathscr{S}f=0$. $V=\mathscr{S}f$,则 (i) V 在 $\bar{\Omega}^c$ 中调和;(ii) $V(p)=O(|P|^{2-n})$ 当 $|P|\to\infty$ 时;(iii) $\left.\frac{\partial V}{\partial n}\right|_{\partial\Omega}=0$. 再由 Green 公式推知

$$\int_{\bar{\Omega}^c}|\nabla V|^2=-\int_{\bar{\Omega}^c}V\Delta V+\int_{\partial\Omega}V\frac{\partial V}{\partial n}d\sigma=0,$$

因此,在 $\bar{\Omega}^c$ 中 $V=0$,而 $V\in C(\mathbf{R}^n)$ 且 $\Delta V=0$ (在 Ω 内),由极大模原理推出 $V=0$ (在 $\mathbf{R}^n$ 中),从而得到 $f=0$,即 $D_-\mathscr{S}f$ 是一一的。

上面讨论的方法对于 $C^{1+\alpha}$ 边界区域 Ω 均成立 $(\alpha>0)$,但是对于边界具有更少正则性的区域则不成立。另外,应该指出的是上述讨论的方法是非构造性的,即应用了紧性命题。所以,对于 Lipschitz 区域上的 Dirichlet 问题,我们不可能用具有 C^2 边界的区域逼近而得到,因为对于 D_+ 的逆我们没有任何估计。

§ 2. Lipschitz 区域上的 Dirichlet 问题和 Neumann 问题

有界区域 $\Omega\subset\mathbf{R}^{n+1}$ 称作是 Lipschitz 区域，如果 $\partial\Omega$ 可以被有限多个直圆柱 L 所覆盖，其中 L 的底与 $\partial\Omega$ 有一个正的距离且对每一个 L 有一个 Lipschitz 函数 $\varphi:\mathbf{R}^n\to\mathbf{R}$ 和相应的坐标系 (x, y), $x\in\mathbf{R}^n$, $y\in\mathbf{R}$, 使得 y 轴平行 L 的对称轴，$L\cap\Omega=L\cap\{(x, y): y>\varphi(x)\}$ 以及 $L\cap\partial\Omega=L\cap\{(x, y): y=\varphi(x)\}$. 区域 $D\subset\mathbf{R}^{n+1}$ 称作是一个特殊的 Lipschitz 区域，如果存在一个 Lipschitz 函数 $\varphi:\mathbf{R}^n\to\mathbf{R}$, 使得 $D=\{(x, y): y>\varphi(x)\}$ 及 $\partial D=\{(x,y): y=\varphi(x)\}$. Γ 称作是一个顶点在 $P\in\partial\Omega$ 的非切向角锥如果存在角锥 Γ' 和 $\delta>0$, 使得

$$\phi\neq(\bar{\Gamma}\cap B_\delta(P))\backslash\{P\}\subset\Gamma'\cap B_\delta(P)\subset\Omega,$$

其中 $B_r(Q)=\{X\in\mathbf{R}^{n+1}: |X-Q|\leqslant r\}$. 我们称函数 u 在 $\partial\Omega$ 上有非切向极限 L, 如果对 $P\in\partial\Omega$, 有

$$u(Q)\to L,\ \text{当}\ Q\to P\ \text{且}\ Q\in\Gamma\ \text{时},$$

对所有顶点是 P 的非切向角锥 Γ 成立. 最后我们定义非切向极大函数

$$M_\beta(u)(P)=\sup\{|u(Q)|: |P-Q|<\beta\operatorname{dist}(Q, \partial\Omega), Q\in\Omega\},$$

其中 $P\in\partial\Omega$, u 是定义在 Ω 上的函数.

我们将讨论下面的 Dirichlet 问题:

$$\begin{cases}\Delta u=0, & \text{在}\ \Omega\ \text{内},\\ u|_{\partial\Omega}=f\in L^2(\partial\Omega),\end{cases}$$

其中 Ω 是有界的 Lipschitz 区域. 其解的存在性是指存在 Ω 上的调和函数 u, 其非切向极限对表面测度而言是几乎处处收敛于 f.

存在性的证明先从双层位势开始,

$$Dg(p)=\int_{\partial\Omega}\frac{\partial}{\partial n_Q}R(P, Q)g(Q)d\sigma(Q),\quad P\in\Omega,$$

其中 $R(P, Q)$ 如 §1, $g\in L^2(\partial\Omega)$. 因为 Dg 在 Ω 内调和，如果证明可以取某个 g 使 Dg 在 $\partial\Omega$ 有边值 f, 则问题便获得解决. 然而

这并非容易，一般而言，只有估计式

$$|k(P,Q)| \leqslant \frac{c}{|P-Q|^n} \quad k(P,Q)=\frac{\partial}{\partial n_Q} R(P,Q).$$

我们要利用$k(P,Q)$的消失条件，在主值意义下定义如§1中所定义的算子 T. 为简单起见，我们在这里只讨论特殊的 Lipschitz 区域.

考虑

$$Dg(P)=\int_{\partial D} \frac{\partial}{\partial n_Q} R(P,Q) g(Q) d\sigma(Q),\ P \in D,$$

其中 $D=\{(x,y): y>\varphi(x)\}$, $\varphi: \mathbf{R}^n \to \mathbf{R}$ 是一个 Lipschitz 函数. 由于 φ' 几乎处处存在，所以 Dg 有定义且 $\frac{\partial}{\partial n_Q} R(P,Q)=C_n \frac{\langle n_Q, P-Q\rangle}{|P-Q|^{n+1}}$, $n_Q=\frac{(\nabla\varphi(x),-1)}{(|\nabla\varphi(x)|^2+1)^{1/2}}$, $Q=(x,\varphi(x))$. 对 $g \in L^1_{\mathrm{loc}}(\partial D)$, 我们定义极大函数

$$M^* g(P)=\sup_{r>0} \frac{1}{\sigma(\partial D \cap B_r(P))} \int_{\partial D \cap B_r(P)} |g(Q)| d\sigma(Q), P \in \partial D.$$

下面的命题是关键结果:

命题 (2.1) 令 $D=\{(x,y): y>\varphi(x)\}$, 其中 $\varphi: \mathbf{R}^n \to \mathbf{R}$ 是 Lipschitz 函数且 $\|\varphi'\|_\infty=A$. 令 $P=(x,y) \in D$, $P^*=(x,\varphi(x)) \in \partial D$, $\rho=y-\varphi(x)$. 设 $g \in L^p(\partial D)$, $1<P<\infty$, 则

$$|Dg(P)-T_\rho g(P^*)| \leqslant c M^*(g)(P^*),$$

其中

$$T_\rho g(P^*)=\int_{\partial D \setminus B_\rho(P^*)} k(P^*,Q) g(Q) d\sigma(Q),$$

常数 c 仅与维数 n 有关.

在证明命题 (2.1) 之前，我们指出 M^*g 和 Hardy-Littlewood 极大函数之间的关系. Hardy-Littlewood极大函数定义为

$$Mg(P)=\sup_{P \in B_r(Q)} \frac{1}{\sigma(\partial D \cap B_r(Q))} \int_{\partial D \cap B_r(Q)} |g(Q')| d\sigma(Q'),$$

$P \in \partial D$, 其中 $g \in L^1_{\mathrm{loc}}(\partial D)$. 这时存在常数 c, 使得

$$M^* g \leqslant Mg \leqslant c M^* g.$$

如果记 $\pi: \partial D \to \mathbf{R}^n$ 是投影算子，即 $(x,\varphi(x)) \to x$, 定义极

大函数

$$\widetilde{M}g(x)=\sup_{r>0}\frac{1}{|B_r(x)|}\int_{B_r(x)}|g\circ\pi^{-1}(y)|dy,\quad x\in\mathbf{R}^n,$$

其中 $g\in L^1_{loc}(\partial D)$. 因为$\varphi$是 Lipschitz 函数，所以 M^* 和 $\widetilde{M}$ 也是等价的。

现在我们证明命题 (2.1):

$$\begin{aligned}|Dg(P)-T_\rho g(P^*)|\leqslant & c\int_{\partial D\cap\{|P^*-Q|>\rho\}}\left|\frac{\langle n_Q,P-Q\rangle}{|P-Q|^{n+1}}\right.\\ &\left.-\frac{\langle n_Q,P^*-Q\rangle}{|P^*-Q|^{n+1}}\right||g(Q)|d\sigma(Q)\\ &+c\int_{\partial D\setminus\{|P^*-Q|>\rho\}}\left|\frac{\langle n_Q,P-Q\rangle}{|P-Q|^{n+1}}\right||g(Q)|d\sigma(Q)\\ \leqslant & c\int_{\partial D\cap\{|P^*-Q|>\rho\}}\frac{\rho}{(\rho+|Q-P^*|)^{n+1}}|g(Q)|d\sigma(Q)\\ &+c\int_{\partial D\setminus\{|P^*-Q|>\rho\}}\frac{1}{\rho^n}|g(Q)|d\sigma(Q)\end{aligned}$$

显然，$\int_{\partial D\setminus\{|P^*-Q|>\rho\}}\frac{1}{\rho^n}|g(Q)|d\sigma(Q)\leqslant cM^*(g)(P^*)$. 同样的结论对上述第一项也成立. 定义

$$T^*g(P^*)=\sup_{\rho>0}|T_\rho g(P^*)|,\ P^*\in\partial D,\ g\in L^p(\partial D),$$

则

$$|Dg(Q)|\leqslant c(T^*g(P^*)+M^*g(P^*)),$$

对所有 $Q\in\Gamma$ (以 $P^*\in\partial D$为顶点的非切向角锥)成立. 由此得到

$$\sup_{Q\in\Gamma}|Dg(Q)|\leqslant c(T^*g(P^*)+M^*(g)(P^*)).$$

因为 Dg 在Ω内调和，再由调和函数的边界性质推出 Dg 对于 $d\sigma$ 几乎处处存在非切向极限，同时极限函数属于 $L^p(\partial D)$. 如果我们能适当选取 g 使其极限函数就是 f, 则问题便完全解决了. 为此，我们需要研究算子 $T_\rho(\rho>0)$ 和 T^* 的进一步性质. 我们研究的算子的核具有下面的形式:

$$k_i(x,y)=\frac{(x,\varphi(x))-(y,\varphi(y))_i}{|(x,\varphi(x))-(y,\varphi(y))|^{n+1}},$$

$$i=1,2,\cdots,n+1.$$

同时,这些算子可以定义成下面的主值积分:

$$\langle T_\varepsilon\varphi,\psi\rangle=\iint_{|x-y|>\varepsilon}k_i(x,y)\varphi(y)\psi(x)dydx$$

$$=\frac{1}{2}\iint_{|x-y|>\varepsilon}k_i(x,y)(\varphi(y)\psi(x)-\varphi(x)\psi(y))dydx,$$

第二个等号用到了 $k_i(x,y)=-k_i(y,x)$. 又因为 $k_i(x,y)$ 满足标准的 Calderón-Zygmund 算子的标准估计,所以

$$\lim_{\varepsilon\to0}\iint_{|x-y|>\varepsilon}k_i(x,y)\varphi(y)\psi(x)dydx$$

对 φ, $\psi\in\mathscr{S}(\mathbf{R}^n)$ 存在.

由第五章的定理可知:

(1) 如果 $\langle T\varphi,\psi\rangle=\lim\limits_{\varepsilon\to0}\iint\limits_{|x-y|>\varepsilon}k(x,y)\varphi(y)\psi(x)dydx$, T 是 L^2 上有界算子,则 T 是弱(1,1)型的算子.

(2) 如果 T 在 L^2 上有界,则 T 在 L^p, $1<p<\infty$, 上有界;

(3) T 在 L^2 上有界, 则 T^* 在 $L^p(1<p<\infty)$ 上有界.

所以现在问题的关键是证明 T 在 L^2 上的有界性. 这个问题的一维情形就是 Lipschitz 曲线上 Cauchy 积分算子的 L^2 有界性.

定理 (2.2) 如果 $\varphi:\mathbf{R}\to\mathbf{R}$ 是一个 Lipschitz 函数, $k(x,y)=\dfrac{1}{x-y+i(\varphi(x)-\varphi(y))}$, 则

$$Tf(x)=\text{p. v.}\int_{-\infty}^{+\infty}\frac{f(y)}{x-y+i(\varphi(x)-\varphi(y))}dy$$

在 L^2 上有界.

在第五章我们曾用"$T1$"定理证明了当 φ 的 Lipschitz 常数充分小时, T 是 L^2 上的有界算子. 再用一个完全实变的方法可以证明对任意的 Lipschitz 常数, T 都是 L^2 上的有界算子. 有兴

趣的读者可看[21].

我们需要的是定理 (2.2) 的下述高维推广.

定理 (2.3) 如果 $\varphi:\mathbb{R}^n \to \mathbb{R}$ 是一个 Lipschitz 函数,

$$k_i(x,y)=\frac{((x,\varphi(x))-(y,\varphi(y)))_i}{|(x,\varphi(x))-(y,\varphi(y))|^{n+1}},\ i=1,2,\cdots,n+1,$$

则对应于核 $k_i(x,y)$ 的算子 T_i 在 L^2 上有界.

定理 (2.3) 可以由 Coifman, McIntosh 和 Meyer 的一个非常深刻的结果推出,有兴趣的读者可看 [20].

定理 (2.2) 和 (2.3) 推出 Dg 对 $d\sigma$ 存在几乎处处的非切向边值. 现在的问题是: 能否通过选取适当的 g, 使其边值函数就是 f. 这正是我们要证明的定理:

定理 (2.4) $D|_{\partial D}$ 是可逆算子.

类似于 §1 中引理 (1.2) 和引理 (1.5), 用 C^2 边界去逼近 ∂D, 我们同样有

$$D|_{\partial D}f(P)=\frac{1}{2}f(D)+Tf(P),\ P\in\partial D,$$

$$D|_{\partial D\_}f(P)=-\frac{1}{2}f(D)+Tf(P),\ P\in\partial D,$$

$$\frac{\partial}{\partial n_P}\mathscr{S}|_{\partial D}f(P)=-\frac{1}{2}f(P)+T^*f(P),\ P\in\partial D,$$

$$\frac{\partial}{\partial n_P}\mathscr{S}|_{\partial D\_}f(P)=\frac{1}{2}f(P)+T^*f(P),\ P\in\partial D,$$

其中对 $f\in L^2(\partial D)$,

$$Tf(P)=\lim_{\varepsilon\downarrow 0}\int_{|P-Q|>\varepsilon}\frac{\partial}{\partial n_Q}R(P,Q)f(Q)d\sigma(Q),\ P\in\partial D,$$

T^* 是 T 的共轭算子.

于是我们只需要证明 $\pm\frac{1}{2}I+T$ 在 $L^2(\partial D)$ 上是可逆的. 等价地, 我们证明 $\pm\frac{1}{2}I+T^*$ 在 L^2 上是可逆的. 证明的主要思想是应用 "Rellich 恒等式" 和一个泛函结果. 具体的是下面的引理:

引理 (2.5) 令 $f \in L^2(\partial D)$, $u = \mathscr{S}f|_{\bar{D}}$, 则存在 $c_1, c_2 > 0$, 使得

$$c_1 \int_{\partial D} \left(\frac{\partial u}{\partial n}\right)^2 d\sigma \leqslant \int_{\partial D} |\nabla_t u|^2 d\sigma \leqslant c_2 \int_{\partial D} \left(\frac{\partial u}{\partial n}\right)^2 d\sigma,$$

其中 ∇_t 是切向偏导数.

证明: 设 f 具有紧支集, $e = (0, 1)$, 由 $\Delta u = 0$ 我们得到 Rellich 恒等式:

$$\operatorname{div}\left(|\nabla u|^2 e - 2\frac{\partial u}{\partial y}\nabla u\right) = 0.$$

因此

$$\int_{\partial D} |\nabla u|^2 \langle e, n\rangle d\sigma = 2\int_{\partial D} \frac{\partial u}{\partial y}\frac{\partial u}{\partial n}\, d\sigma.$$

因为 $0 < c_0 \leqslant \langle e, n\rangle \leqslant 1$, 所以

$$c_0 \int_{\partial D} |\nabla u|^2 d\sigma \leqslant 2\int_{\partial D} |\nabla u| \left|\frac{\partial u}{\partial n}\right| d\sigma.$$

再由 Schwartz 不等式,

$$\int_{\partial D} |\nabla u|^2 d\sigma \leqslant c \int_{\partial D} \left(\frac{\partial u}{\partial n}\right)^2 d\sigma.$$

剩下的是证明反向不等式. 因为

$$\frac{\partial u}{\partial y} = \langle \nabla u, e\rangle,$$

其中 $e = \langle e, n\rangle n + e_t$, 所以

$$\frac{\partial u}{\partial y} = \frac{\partial u}{\partial n}\langle e, n\rangle + \langle \nabla u, e_t\rangle.$$

注意到 $|\nabla u|^2 = \left(\frac{\partial u}{\partial n}\right)^2 + |\nabla_t u|^2$ 和 $|\langle \nabla u, e_t\rangle| \leqslant |\nabla_t u|$, 我们得到

$$\int_{\partial D} |\nabla_t u|^2 \langle e, n\rangle d\sigma = \int_{\partial D} \left(\frac{\partial u}{\partial n}\right)^2 \langle e, n\rangle d\sigma + 2\int_{\partial D} \frac{\partial u}{\partial n}\langle \nabla u, e_t\rangle d\sigma.$$

因此

$$\int_{\partial D}\left(\frac{\partial u}{\partial n}\right)^2 d\sigma \leqslant c\Big(\int_{\partial D} |\nabla_t u|^2 d\sigma$$

$$+\Big(\int_{\partial D}\left(\frac{\partial u}{\partial n}\right)^2 d\sigma\Big)^{1/2}\Big(\int_{\partial D} |\nabla_t u|^2 d\sigma\Big)^{1/2}\Big).$$

由此推出

$$\int_{\partial D}\left(\frac{\partial u}{\partial n}\right)^2 d\sigma \leqslant c\int_{\partial D} |\nabla_t u|^2 d\sigma.$$

引理 (2.6) 设 $f \in L^2(\partial D)$，则存在常数 $c > 0$，使得

$$\left\|\left(\pm\frac{1}{2} I + T^*\right) f\right\|_2 \geqslant c\|f\|_2.$$

证明：设 $\left\|\left(\frac{1}{2} I + T^*\right) f\right\|_2 = \varepsilon\|f\|_2$,

$$\left\|\frac{1}{2} f + T^* f\right\|_2 = \left\|\frac{\partial}{\partial n}\mathscr{S}|_{\partial D\_} f\right\|_2$$

$$\approx \|\nabla_t\mathscr{S}|_{\partial D\_} f\|_2 = \|\nabla_t\mathscr{S}|_{\partial D} f\|_2$$

$$\approx \left\|\frac{\partial}{\partial n}\mathscr{S}|_{\partial D} f\right\|_2 = \left\|-\frac{1}{2} f + T^* f\right\|_2.$$

这里用到了 $\nabla_t\mathscr{S} f$ 连续通过边界的性质.

现有 $f = \left(\frac{1}{2} f + T^* f\right) - \left(-\frac{1}{2} f + T^* f\right)$，以及

$$\left\|\frac{1}{2} f + T^* f\right\|_2 \approx \left\|-\frac{1}{2} f + T^* f\right\|_2.$$

这就推出 ε 不能太小，从而引理 (2.6) 获证.

引理 (2.7) 设 $T_t: L^2 \to L^2$ 有界且满足下面的条件:

(1) $\|T_t f\|_2 \geqslant c\|f\|_2$, c 与 t 无关;

(2) $\|T_t f - T_s f\|_2 \leqslant c|t - s|\,\|f\|_2$, c 与 s, t 无关, $0 \leqslant t, s \leqslant 1$;

(3) T_0 在 L^2 上可逆,

则 T_1 在 L^2 上亦可逆.

证明：令 $S = \{s \in [0, 1], T_s$ 可逆$\}$. 显然 $S \neq \varnothing$. 由(2)可知 S 是开的，我们现在要证明 S 亦是闭的. 设 $s_j \to s$ 且 T_{s_j} 可逆,

取 $g\in L^2, f_j\in L^2$，使得 $T_{s_j}(f_j)=g$，由 (1) 知 $f_j\to f$ 在 L^2 中对某一个子序列成立．我们不妨设 $T_s f_j\to T_s f$，任取 $h\in L^2$，

$$|\langle T_s f-g, h\rangle|\leqslant|\langle T_s f-T_s f_j, h\rangle| + |\langle (T_s-T_{s_j})f_j, h\rangle|\to 0,$$

当 $j\to\infty$ 时．

因此 $T_s f=g$．这就证明了 S 是闭的从而 T_1 是可逆的．这样我们就得到了下面的定理：

定理 (2.8)　如果 $f\in L^2(\partial D)$，则存在函数 u，使得

$$\begin{cases}\Delta u=0, & \text{在}D\text{内},\\ u|_{\partial D}=f, & \text{在}\partial D\text{上},\end{cases}$$

其中边值对表面测度 $d\sigma$ 而言几乎处处非切向收敛，并且 $M_\beta u\in L^2(\partial D)$，$\|M_\beta u\|_2\leqslant c\|f\|_2$，$c$ 是仅与 $\beta>1$ 和 $\|\varphi'\|_\infty$ 有关的常数．

推论 (2.8)　如果用 $L^p(2\leqslant p\leqslant\infty)$ 代替 L^2，则定理 (2.7) 仍然成立．

这可以由极大模原理以及 L^2 和 L^∞ 之间的内插得到．

前面的论述实际上也给出了下面 Neumann 问题的解：

定理 (2.9)　如果 $f\in L^2(\partial D)$，则存在函数 u，使得

$$\begin{cases}\Delta u=0, & \text{在}D\text{内},\\ \dfrac{\partial u}{\partial n}\Big|_{\partial D}=f, & \text{在}\partial D\text{上},\end{cases}$$

其中边值的意义是对几乎处处的 $P\in\partial D$，对于表面测度 $d\sigma$ 而言，当 Q 非切向趋于 P 时，$n_P\cdot\nabla u(Q)\to f(P)$．同时 $M_\beta\nabla u\in L^2(\partial D)$ 且 $\|M_\beta(\nabla u)\|_2\leqslant c\|f\|_2$，$c$ 是仅依赖于 $\beta>1$ 和 $\|\varphi'\|_\infty$ 的常数．

§3. 调 和 测 度

研究 Laplace 方程的 Dirichlet 问题的另一个途径是用调和测度的方法．设 D 是有界 Lipschitz 区域，由经典理论知道下面的 Dirichlet 问题可解：

$$\begin{cases}\Delta u = 0, & 在 D 中,\\ u|_{\partial D} = f \in C(\partial D).\end{cases}$$

这样，对任意 $x \in D$，由极大模原理，映射 $f \longmapsto u(x)$ 是 $C(\partial D)$ 上一个连续线性泛函，再由 Riesz 表示定理，存在唯一的正的 Borel 测度 ω^x 使得

$$u(x) = \int_{\partial D} f(Q) d\omega^x(Q).$$

我们称 ω^x 是 D 在点 x 处的调和测度．对任意 $x_1, x_2 \in D$，由 Harnack 原理，可以推出 ω^{x_1} 和 ω^{x_2} 是互相绝对连续的．所以我们可以固定任意一点 $x_0 \in D$，并记 $\omega = \omega^{x_0}$ 是 D 的调和测度．

调和测度和调和函数的边界性质有着极其密切的关系，这就是

定理 (3.1) (Hunt 和 Wheeden 定理) 设 D 是 Lipschitz 区域，u 是 D 上正调和函数，则除去 $Q \in \partial D$ 的一个 ω 零测度集外，$u(x)$ 有非切向边值；另外，对任何 $E \subset \partial D$，$\omega(E) = 0$，则存在 D 中的正调和函数 $u(x)$，使得 $\lim\limits_{Q \to x} u(x) = \infty$ 对每一点 $Q \in E$．

调和测度和表面测度一般相差很大，但是 $C^{1,\alpha}(\alpha > 0)$ 区域上的调和测度就可以通过一个固定常数和表面测度相互控制，这就是说，$C^{1,\alpha}(\alpha > 0)$ 区域上的调和测度本质上和表面测度是一样的．这一点可以用经典的双层位势的方法加以证明，然而 C^1 区域或 Lipschitz 区域就没有这样好的性质了．

1977 年，Dahlberg 利用调和测度的方法首先解决了 C^1 区域和 Lipschitz 区域上 Laplace 方程 Dirichlet 问题的 L^p 边值问题，他的主要结果是：

定理 (3.2) 设 D 是 Lipschitz 区域，则下述命题成立：

(1) ω 对 σ 是绝对连续的；

(2) 存在常数 $c > 0$，使得对任意 $\Delta = \partial D \cap B$（$B$ 是球，Δ 称作为表面 ∂D 上的球），有

$$\left(\frac{1}{\sigma(\Delta)} \int_\Delta k^2 d\sigma\right)^{1/2} \leqslant \frac{c}{\sigma(\Delta)} \int_\Delta k d\sigma,$$

其中 $k(Q)=\dfrac{d\omega(Q)}{d\sigma(Q)}$ 是 Radon-Nikodyn 导数;

(3) σ 对 ω 是绝对连续的.

当 D 是 C^1 区域时, (2) 可以加强为: $1<P<\infty$,

$$\left(\frac{1}{\sigma(\Delta)}\int_\Delta k^p d\sigma\right)^{1/p}\leqslant\frac{C_p}{\sigma(\Delta)}\int_\Delta k d\sigma.$$

这里, k 满足反向 Hölder 不等式,因此 k 与 A_p 权函数有关. 作为这个定理的推论,可以得到 Dirichlet 问题的解:

推论 (3.3) 设 D 是 Lipschitz 区域,则存在 $\varepsilon=\varepsilon(D)>0$,使得 $2-\varepsilon<p<\infty$, $f\in L^p(\partial D, d\sigma)$, $u(x)=\int_{\partial D}f(Q)d\omega^x$ 是 D 中调和函数以及

$$\lim_{\substack{x\to Q\\ x\in\Gamma_\beta(Q)}}u(x)=f(Q),$$

对几乎处处 $Q\in\partial D$ 成立,并且有

$$\|M_\beta u\|_p\leqslant c_p\|f\|_p.$$

当 D 是 C^1 区域时, $\varepsilon=\varepsilon(D)=1$,即对 $1<p<\infty$,推论 (3.3) 成立.

推论 (3.3) 的证明是简单的: 记

$$M_\omega^*(f)(Q)=\sup_{Q\in\Delta}\frac{1}{\omega(\Delta)}\int_\Delta|f(p)|d\omega(p),$$

则容易证明 $M_\beta(u)(Q)\leqslant cM_\omega^*(f)(Q)$. 由定理 (3.2) 和 A_p 权函数理论可知,存在 $\varepsilon=\varepsilon(D)>0$, 使得 $k\in A_{2-\varepsilon}$. 再由极大函数的加权模不等式,当 $2-\varepsilon<p<\infty$ 时,

$$\begin{aligned}\|M_\beta(u)\|_{L^p(d\sigma)}&\leqslant C\|M_\omega^*(f)\|_{L^p(d\sigma)}\leqslant C\|M_\omega^*(f)\|_{L^p(d\omega)}\\&\leqslant C\|f\|_{L^p(d\omega)}\leqslant C\|f\|_{L^p(d\sigma)}.\end{aligned}$$

此外, Dahlberg 还指出,任给 $p<2$, 都存在一个 Lipschitz 区域 D, 使得在 D 上不可能解出 L^p 边值的 Dirichlet 问题.

虽然调和测度方法十分简单, 但局限性很大. 这是因为它依赖于比较原理,所以这个方法不适于研究 Laplace 方程的 Neumann 问题以及方程组问题. 此外,这种方法也不能给出解的具体表

达式。

§4. Lipschitz 区域上 Laplace 方程的 L^p 理论

在这一节里，我们主要是用 §2 中的方法来研究 Lipschitz 区域上 Laplace 方程 Dirichlet 问题和 Neumann 问题的 L^p 理论。

我们首先用例子说明在 Lipschitz 区域上并不是对任何 $p>2$，都可以解带 L^p 边值 Laplace 方程的 Neumann 问题的。

设 $z=x+iy\in\mathbb{C}$，对 $0<\beta<2\pi$，令

$$D_\beta=\left\{z\in\mathbb{C}:\ |\arg z|<\frac{\beta}{2}\right\}.$$

对任意 $p>2$，取 β 使 $p\dfrac{\pi}{\beta}-p>-1$，再取 $\Omega_\beta\subset D_\beta$，使得 $\partial\Omega_\beta\backslash\{(0,0)\}$ 是光滑的，而且 $\partial\Omega_\beta\cap\{z:|z|<1\}=\partial D_\beta\cap\{z:|z|<1\}$。我们要说明算子 $\dfrac{1}{2}I-T^*$ 在 $L^p(\partial\Omega_\beta,d\sigma)$ 上不可能存在有界的逆。

取 $f(z)=z^{\pi/\beta}$ 是全纯函数，令 $U(x,y)=\operatorname{Re}f(z)|_{\Omega_\beta}$，$\omega(x,y)=\operatorname{Im}f(z)_{\Omega_\beta}$，由于 f 把 D_β 映到 D_π 上，所以 $U(x,y)|_{\partial\Omega_\beta\cap\{z:|z|<\frac{1}{2}\}}=0$，从而 $\dfrac{\partial U}{\partial s}\in L^\infty(\partial\Omega_\beta)$，这里 s 是以 $(0,0)$ 为起点的 $\partial\Omega_\beta$ 的弧长参数。再由 Cauchy-Riemann 方程，$\left|\dfrac{\partial\omega}{\partial N}|_{\partial\Omega_\beta}\right|=\left|\dfrac{\partial U}{\partial s}|_{\partial\Omega_\beta}\right|\in L^\infty(\partial\Omega_\beta)$，但是我们可以通过计算得到

$$M_1(\nabla\omega)=M_1(\nabla v)\approx s^{-1+\pi/\beta}\notin L^p(\partial\Omega_\beta).$$

若 $\dfrac{1}{2}I-k^*$ 在 L^p 上可逆，则由 $\dfrac{\partial\omega}{\partial N}\in L^\infty(\partial\Omega_\beta)$ 推出

$$\tilde{\omega}(z)=S\left(\left(\frac{1}{2}\ I-k^*\right)^{-1}\left(\frac{\partial\omega}{\partial N}\right)(z)\right)$$

在 $L^p(\partial\Omega_\beta)$ 中有非切向极大函数，即 $M_1(\nabla\tilde{\omega})\in L^p(\partial\Omega_\beta)$。由 Laplace 方程 L^2 理论的唯一性可知 $\omega-\tilde{\omega}$ 是常数。所以

$$M_1(\nabla\omega) = M_1(\nabla\tilde{\omega}) \in L^p(\partial\Omega_\beta),$$

这与 $M_1(\nabla\omega) \notin L^p(\partial\Omega_\beta)$ 矛盾.

用类似的方法可以构造例子说明对于 Lipschitz 区域上 Laplace 方程的 Dirichlet 问题，$p \geqslant 2$ 也是必要的.

对于具体给定的 Lipschitz 区域 D，有下面的定理:

定理 (4.1) 设 D 是一个 Lipschitz 区域，$f \in L^p(\partial D, d\sigma)$，则存在 $\varepsilon = \varepsilon(D) > 0$，使得对 $2-\varepsilon < p < \infty$，存在唯一 D 中调和函数 u，使得 $M_\beta(u) \in L^p(\partial D, d\sigma)$ 且对于表面测度 $d\sigma$ 而言几乎处处 $Q \in \partial D$,

$$\lim_{\substack{x \to Q \\ x \in \Gamma_\beta(Q)}} u(x) = f(Q).$$

进一步还存在 $g \in L^p(\partial D, d\sigma)$，使得

$$u(x) = \int_{\partial D} \frac{1}{\omega_n} \frac{\langle x - Q, N_Q \rangle}{|x - Q|^n} g(Q) d\sigma(Q).$$

定理 (4.2) 设 D 是一个 Lipschitz 区域，$f \in L^p(\partial D, d\sigma)$，则存在 $\varepsilon = \varepsilon(D) > 0$，使得对 $1 < p < 2 + \varepsilon$，在 D 中存在唯一的调和且在无穷远取 0 的函数 u 使得 $M_\beta(\nabla u) \in L^p(\partial D, d\sigma)$，且对于表面测度 $d\sigma$ 而言几乎处处 $Q \in \partial D$,

$$\lim_{\substack{x \to Q \\ x \in \Gamma_\beta(Q)}} N_Q \cdot \nabla u(x) = f(Q).$$

进一步还存在 $g \in L^p(\partial D, d\sigma)$，使得

$$u(x) = \frac{-1}{\omega_n(n-2)} \int_{\partial D} \frac{1}{|x - Q|^{n-2}} g(Q) d\sigma(Q).$$

根据 §2 中的研究，我们只要证明算子 $\pm\frac{1}{2} I - k^*$ 在 $L^p(\partial D, d\sigma)(1 < p < 2 + \varepsilon)$ 上是可逆的，算子 $\pm\frac{1}{2} I + k$ 在 $L^p(\partial D, d\sigma)$，$(2 - \varepsilon < p < \infty)$ 上是可逆的.

注意到引理 (2.7) 中将 L^2 换成 L^p 以后结论仍然成立，以及 Dirichlet 问题和 Neumann 问题具有某种对偶性，所以我们只需要对 $1 < p < 2 + \varepsilon$ 且 f 是好函数时，证明 $u = \mathscr{S}(f)$ 满足不等式

$$\|\nabla_t u\|_{L^p(\partial D, d\sigma)} \approx \left\|\frac{\partial u}{\partial N}\right\|_{L^p(\partial D, d\sigma)}.$$

为此我们证明下面的定理:

定理 (4.3) 设在 D 中 $\Delta u=0$, 则对 $1<p<2+\varepsilon$, $\varepsilon=\varepsilon(D)$,

$$\|M_1(\nabla u)\|_p \leqslant c \left\|\frac{\partial u}{\partial N}\right\|_p,$$

其中 c 依赖于 n, p 和 D.

定理 (4.4) 设在 D 中 $\Delta u=0$, 则对 $1<p<2+\varepsilon$, $\varepsilon=\varepsilon(D)$,

$$\|M_1(\nabla u)\|_p \leqslant c\|\nabla_t u\|_p,$$

其中 c 依赖于 n, p 和 D.

以上两个定理的证明分两步: 首先对 $1<p\leqslant 2$ 证明其结论成立,这时需要用到 Hardy 空间理论和算子内插定理; 其次再证明对 $2\leqslant p<2+\varepsilon$ 其结论成立,而后一部分的证明则完全利用实变理论.

当$1<p\leqslant 2$时,我们首先引入原子 H^1 空间,根据第四章所介绍的 H^p 空间理论可知,我们只要对一个原子去证明定理 (4.3) 和 (4.4) 的不等式成立, 又由 §2 可知这些不等式对 L^2 是成立的,最后通过内插定理得到 (4.3) 和 (4.4). 我们引入下面的定义:

定义 (4.5) 函数 a 称作是 ∂D 上的一个原子,如果 a 满足下面的条件:

(1) $\operatorname{supp} a\subset B$, B 是一个 ∂D 上的表面球;

(2) $\int_{\partial D} a d\sigma=0$;

(3) $\|a\|_\infty \leqslant \frac{1}{\sigma(B)}$.

我们在第四章介绍了算子关于原子空间和 L^2 空间的内插,这样问题转变为证明: 若 $\left.\frac{\partial u}{\partial N}\right|_{\partial D}=a$ 是一个原子,则存在常数 c 与 a 无关,使得

$$\|M_1(\nabla u)\|_1 \leqslant c.$$

要估计 $\|M_1(\nabla u)\|_1=\int_{\partial D}M_1(\nabla u)d\sigma$，和第四章中所用的方法一样，在原子 $a=\dfrac{\partial u}{\partial N}$ 的支集附近用已知结果

$$\|M_1(\nabla u)\|_2\leqslant c\|a\|_2\leqslant c(\sigma(B))^{-\frac{1}{2}}.$$

在远离原子 $a=\dfrac{\partial u}{\partial N}$ 的支集邻域内，不是要得到逐点估计，而是利用方程理论中关于 L^∞ 系数的二阶散度型椭圆方程弱解的估计以及极大模原理。由于证明细节比较复杂，有兴趣的读者请看 [21]。

至于定理 (4.4) 中关于 $1<p\leqslant 2$ 的部分，其证明思想与上述完全一样，只不过需要引入另一个原子 Hardy 空间：

定义 (4.6) 函数 a 称作是一个 H^1_1 原子，如果 $\boldsymbol{A}=\nabla_t a$ 满足：

(1) $\operatorname{supp}\boldsymbol{A}\subset B$，$B$ 是 ∂D 上的一个表面球；

(2) $\int_{\partial D}\boldsymbol{A}d\sigma=0$;

(3) $\|\boldsymbol{A}\|_\infty\leqslant\dfrac{1}{\sigma(B)}$.

同样可以说明，对于定理 (4.4) 我们只需要证明：若 $\Delta u=0$，$\nabla_t u=\nabla_t a$，a 是一类 H^1_1 原子，则

$$\|M_1(\nabla u)\|_1\leqslant c,$$

其中 c 与 a 无关。

上述不等式的证明读者可以同样参看 [21]。

最后剩下 $2<p<2+\varepsilon$ 的 L^p 理论，它是通过实变方法和 L^2 理论直接得到的。我们仅以

$$\|M_1(\nabla u)\|_{L^p}\leqslant c\left\|\frac{\partial u}{\partial N}\right\|_p,\quad 2<p<2+\varepsilon$$

为例加以说明。

考虑双 Lipschitz 变换 $\phi:\mathbf{R}^n_+\to D$，$\phi(x,y)=(x,\varphi(x)+y)$，利用它可以使问题转化到区域 $\mathbf{R}^n_+$ 上。设

$$\nu=\{(x,y)\in\mathbf{R}^n_+:|x|<y\},\ \nu^*=\{(x,y)\in\mathbf{R}^n_+:\alpha|x|<y\},$$

其中 α 是待定的小正数，$m(x)=\sup\limits_{(z,y)\in x+v}|\nabla u(z,y)|$，$m^*(x)=\sup\limits_{(z,y)\in x+v^*}|\nabla u(z,y)|$ 若能证明存在 $\varepsilon_0=\varepsilon_0(D)>0$，使得对 $0<\varepsilon<\varepsilon_0$，有

$$\int m^{2+\varepsilon}dx\leqslant c\int|f|^{2+\varepsilon}d\sigma,$$

其中 $f=\left.\dfrac{\partial u}{\partial N}\right|_{\partial D}$，则问题就解决了.

现令 $h=(M(|f|^2))^{1/2}$，M 是 Hardy-Littlewood 极大函数，$E_\lambda=\{x\in\mathrm{R}^{n-1}:m^*(x)>\lambda\}$，我们断言：

$$\int_{\{x:m^*(x)>\lambda,h\leqslant\lambda\}}m^2\leqslant c\lambda^2|E_\lambda|+c\alpha\int_{\{x:m^*(x)>\lambda\}}m^2.$$

如果断言成立，那么我们得到

$$\begin{aligned}\int_{E_\lambda}m^2&\leqslant\int_{\{x:m^*(x)>\lambda,h\leqslant\lambda\}}m^2+\int_{\{x:h>\lambda\}}m^2\\&\leqslant c\lambda^2|E_\lambda|+c\alpha\int_{\{x:m^*(x)>\lambda\}}m^2+\int_{\{h>\lambda\}}m^2.\end{aligned}$$

现取 $\alpha>0$ 且 $c\alpha<\dfrac{1}{2}$，则

$$\int_{E_\lambda}m^2\leqslant c\int_{\{x:h>\lambda\}}m^2+c\lambda^2|E_\lambda|.$$

由于不同角锥的非切向极大函数是可以相互比较的，所以 $|E_\lambda|\leqslant c\alpha|\{x:m(x)>\lambda\}|$. 因此对 $\varepsilon>0$，

$$\begin{aligned}\int m^{2+\varepsilon}&=\varepsilon\int_0^\infty\lambda^{\varepsilon-1}\int_{\{m>\lambda\}}m^2d\lambda\\&\leqslant\varepsilon\int_0^\infty\lambda^{\varepsilon-1}\int_{E_\lambda}m^2d\lambda\leqslant c\varepsilon\int_0^\infty\lambda^{1+\varepsilon}|\{m>\lambda\}|d\lambda\\&\quad+c\varepsilon\int_0^\infty\lambda^{\varepsilon-1}\left(\int_{\{h>\lambda\}}m^2\right)d\lambda\\&\leqslant c\varepsilon\int m^{2+\varepsilon}+c\int m^2\cdot h^\varepsilon.\end{aligned}$$

注意到 c 只与 D 有关，所以只要取 $\varepsilon_0>0$，使得 $c\varepsilon_0<\dfrac{1}{2}$，则对任

意 ε, $0<\varepsilon<\varepsilon_0$, 我们有

$$\int m^{2+\varepsilon} \leqslant c \int m^2 h^\varepsilon \leqslant c\left(\int m^{2+\varepsilon}\right)^{\frac{2}{2+\varepsilon}}\left(\int M(f^2)^{\frac{2+\varepsilon}{2}}\right)^{\frac{\varepsilon}{2+\varepsilon}}$$

$$\leqslant c\left(\int m^{2+\varepsilon}\right)^{\frac{2}{2+\varepsilon}}\left(\int |f|^{2+\varepsilon}\right)^{\frac{\varepsilon}{2+\varepsilon}},$$

从而推出

$$\int m^{2+\varepsilon} \leqslant c \int |f|^{2+\varepsilon}.$$

下面我们证明断言

$$\int_{\{x: m^*>\lambda, h<\lambda\}} m^2 \leqslant c\lambda^2 |E_\lambda| + c\alpha \int_{\{m^*>\lambda\}} m^2.$$

对 E_λ 作 Whitney 分解，得两两内部不交的方体 $\{Q_k\}$，同时 $\{3Q_k\}$ 也具有有限不交性质. 于是 $E_\lambda=\bigcup\limits_k Q_k$, $3Q_k \subset E_\lambda$. 对任意固定的k，考虑 Q_k，不妨设存在 $\tilde{x}_k \in Q_k$，使 $h(\tilde{x}_k) \leqslant \lambda$，故 $\int_{2Q_k} f^2 \leqslant c^2\lambda |Q_k|$. 对 $1 \leqslant \tau \leqslant 2$，令 $Q_{k,\tau}=\tau Q_k$，$\widetilde{Q}_{k,\tau}=\{(x, y): x \in Q_{k,\tau}, 0<y<\tau l(Q_k)\}$，$l(Q_k)$记作是 Q_k 的边长，显然 $\widetilde{Q}_{k,\tau}$ 是 Lipschitz 区域且对 k, τ 具有一致的 Lipschitz 常数. 由 Whitney 分解可知存在 $x_k \in E_\lambda^c$ 而且 $\operatorname{dist}(x_k, Q_k) \approx l(Q_k)$，因此 $m^*(x_k) \leqslant \lambda$. 令 $A_{k,\tau}=\partial\widetilde{Q}_{k,\tau} \cap x_k+\nu^*$，$B_{k,\tau}=\partial\widetilde{Q}_{k,\tau} \backslash (Q_{k,\tau} \cup A_{k,\tau})$，则 $\partial\widetilde{Q}_{k,\tau}=Q_{k,\tau} \cup A_{k,\tau} \cup B_{k,\tau}$. 注意到 $B_{k,\tau}$ 的高度被 $c\alpha l(Q_k)$ 所控制以及在 $A_{k,\tau}$ 上 $|\nabla u| \leqslant \lambda$，设$m_1$ 是 ∇u 对应于区域 $Q_{k,\tau}$ 上的非切向极大函数，则对任意 $x \in Q_k$，

$$m(x) \leqslant m_1(x)+\lambda.$$

在 $\widetilde{Q}_{k,\tau}$ 上用 L^2 理论得到

$$\int_{Q_k} m_1^2 \leqslant \int_{\partial\widetilde{Q}_{k,\tau}} m_1^2 \leqslant c\int_{B_{k,\tau}} |\nabla u|^2 d\sigma + c\int_{A_{k,\tau}} |\nabla u|^2$$

$$+c\int_{2Q_k} f^2 \leqslant c\int_{B_{k,\tau}} |\nabla u|^2 d\sigma + c\lambda^2 |Q_k|.$$

上述不等式两端对 τ 从 1 到 2 积分，得

$$\int_{Q_k} m_1^2 \leqslant \frac{c}{l(Q_k)} \int_0^{al(Q_k)} \int_{2Q_k} |\nabla u|^2 + c\lambda^2 |Q_k|$$

$$\leqslant c\alpha \int_{Q_k} m^2 + c\lambda^2 |Q_k|.$$

因此

$$\int_{Q_k} m^2 \leqslant c\alpha \int_{2Q_k} m^2 + c\lambda^2 |Q_k|,$$

对 k 求和得到

$$\int_{\{m^* > \lambda, h \leqslant \lambda\}} m^2 \leqslant c\lambda^2 |E_\lambda| + c\alpha \int_{\{m^* > \lambda\}} m^2.$$

用完全相同的方法，可以证明定理 (4.4) 的后一部分.

§5. Lipschitz 区域上方程组问题

在这一节里我们主要介绍 Lipschitz 区域上弹性方程组和 Stokes 方程组，所用的方法仍然是前面介绍的位势方法.

(一) 弹性方程组

设 $D = \{(x, y) \in R^3 : y > \varphi(x)\}$，$\varphi$ 是一个 Lipschitz 函数. $\lambda > 0$, $\mu \geqslant 0$ 是两个常数，$u = (u_1, u_2, u_3)$. 在弹性理论中经常研究的是下面的边值问题：

(5.1) $$\begin{cases} \mu\Delta u + (\lambda + \mu)\nabla \operatorname{div} u = 0, & \text{在} D \text{中}, \\ u|_{\partial D} = f \in L^2(\partial D, d\sigma), \end{cases}$$

(5.2) $$\begin{cases} \mu\Delta u + (\lambda + \mu)\nabla \operatorname{div} u = 0, & \text{在} D \text{中}, \\ \lambda(\operatorname{div} u) \cdot N + \mu\{\nabla u + (\nabla u)^t\} \cdot N|_{\partial D} = f \in L^2(\partial D, d\sigma), \end{cases}$$

这里 N 是 ∂D 的单位外法向，记 $Tu = \lambda(\operatorname{div} u) \cdot N + \mu\{\nabla u + (\nabla u)^t\} \cdot N|_{\partial D}$，称为压力算子.

我们将用位势方法解这些边值问题. 为此我们介绍Kelivin基本解矩阵 $\Gamma(x) = (\Gamma_{ij}(x))$，其中 $\Gamma_{ij}(x) = \frac{A}{4\pi} \frac{\delta_{ij}}{|x|} + \frac{C}{4\pi} \frac{x_i x_j}{|x|^3}$，

$$A = \frac{1}{2}\left[\frac{1}{\mu} + \frac{1}{2\mu + \lambda}\right], \quad C = \frac{1}{2}\left[\frac{1}{\mu} - \frac{1}{2\mu + \lambda}\right].$$

函数 $g(Q)$ 的双层位势和单层位势分别定义为

$$\mathscr{K}g(x)=\int_{\partial D}\{T(Q)\Gamma(x-Q)\}^{t}g(Q)d\sigma(Q)$$

$$\mathscr{S}g(x)=\int_{\partial D}\Gamma(x-Q)g(Q)d\sigma(Q),$$

其中T是作用到矩阵Γ的每一列上的.

我们的主要结果是:

定理 (5.3) a) 存在唯一的 u 满足 (5.1), 使 $M_1(u)\in L^2(\partial D,d\sigma)$, 其边值是在非切向对 $d\sigma$ 几乎处处意义下取的,并且存在 $g\in L^2(\partial D,d\sigma)$, 使得

$$u(x)=\mathscr{K}g(x).$$

b) 存在唯一的在无穷远处为0的 u, 使得 $M_1(\Delta u)\in L^2(\partial D,d\sigma)$, 边值是在非切向对 $d\sigma$ 几乎处处意义下取的,并且存在 $g\in L^2(\partial D,d\sigma)$, 使得

$$u(x)=\mathscr{S}g(x).$$

为证明这个定理,由前面的方法,需要证明下面的引理:

引理 (5.4) $\mathscr{K}g$, $\mathscr{S}g$ 在 $\mathbf{R}^3\backslash\partial D$ 中满足 $\mu\Delta u+(\lambda+\mu)\nabla\mathrm{div}\,u=0$ 并且

a) $\|M_1(\mathscr{K}g)\|_{L^p}+\|M_1(\nabla\mathscr{S}g)\|_p\leqslant c_p\|g\|_p$,

其中 $c_p=c(P,D)$, $1<p<\infty$.

b) $(\mathscr{K}g)^{\pm}(P)=\pm\dfrac{1}{2}g(P)+Kg(P)$, $P\in\partial D$,

$$(\lambda\mathrm{div}(Sg)\cdot N+\mu\{\nabla Sg+(\nabla Sg)^{t}\}\cdot N)^{\pm}(P)$$
$$=\mp\frac{1}{2}g(P)-K^{*}g(P),$$

其中 $Kg(P)=\mathrm{p.\,v.}\int_{\partial D}\{T(Q)\Gamma(P-Q)\}^{t}g(Q)d\sigma(Q)$, $P\in\partial D$, K^{*}是K的共轭算子.

这样定理 (5.3) 的证明就转化成证明$\pm\dfrac{1}{2}I+K$和$\pm\dfrac{1}{2}I+K^{*}$在L^2上可逆. 同样地,问题可以归结为: 若g是好函数, $u=$

Sg，则 $\|Tu\|_2 \approx \|\nabla_t u\|_2$. 我们需要更为一般的 Rellich 引理：

引理 (5.5) 设 a_{ij}^{rs} 为实对称常数：$a_{ij}^{rs}=a_{ji}^{sr}$，$1\leqslant i, j\leqslant n$，$1\leqslant r, s\leqslant m$ h 是 $\mathbf{R}^n$ 中常向量，u 满足 $\frac{\partial}{\partial x_i} a_{ij}^{rs} \frac{\partial}{\partial x_j} u^s=0$，$1\leqslant r\leqslant m$，在 D 中且 u 在无穷远处适当小，则

$$\int_{\partial D} h_l n_e a_{ij}^{rs} \frac{\partial u^r}{\partial x_i} \frac{\partial u^s}{\partial x_j} d\sigma = 2\int_{\partial D} h_i \frac{\partial u^r}{\partial x_i} n_e a_{ej}^{rs} \frac{\partial u^s}{\partial x_j} d\sigma.$$

这里 $\boldsymbol{N}=(n_1, \cdots, n_n)$ 是 ∂D 上的单位外法向.

我们不详细介绍其证明细节，有兴趣的读者可参看 [22].

(二) Stokes 方程组

我们主要讨论如下 Stokes 方程组

$$(5.6)\qquad \begin{cases}\Delta u=\nabla p, & \text{在} D \text{中},\\ \operatorname{div} u=0, & \text{在} D \text{中},\\ u|_{\partial D}=f\in L^2(\partial D, d\sigma),\end{cases}$$

其中的收敛是在非切向意义下的，$u=(u_1, u_2, u_3)$，P 是纯量函数.

主要定理是

定理 (5.7) 对任意 $f\in L^2(\partial D, d\sigma)$，(5.6) 存在唯一的解 (u, p)，其中 P 在无穷远处为 0，$M_1(u)\in L^2(\partial D, d\sigma)$，并且存在 $g\in L^2(\partial D, d\sigma)$，使得

$$u(x)=\mathscr{K} g(x),$$

其中

$$\mathscr{K} g(x)=-\int_{\partial D}\{H(Q)\Gamma(x-Q)\} g(Q) d\sigma(Q),$$

$$\Gamma(x)=(\Gamma_{ij}(x)),\ \Gamma_{ij}(x)=\frac{1}{8\pi}\frac{\delta_{ij}}{|x|}+\frac{1}{8\pi}\frac{x_i x_j}{|x|^3}.$$

对应的压力算子

$$q(x)=(q^i(x)),\quad q^i(x)=\frac{x_i}{4\pi|x|^3},$$

$$(H(Q)\Gamma(x-Q))_{il}=\delta_{ij} q^l(x-Q) n_j(Q)-\frac{\partial \Gamma_{il}}{\partial x_j}(x-Q) n_j(Q).$$

这个定理的证明方法与 (5.3) 类似，有兴趣的读者可看 [22].

参考文献

[1] E. M. Stein and J. O. Strömberg, Behavior of maximal functions in R^n for large n, *Ark. Math.*, **21**(1983), 259—269.

[2] A. Zygmund, On a theorem of Marcinkiewitz concerning interpolation of operations, *Jour. de Math.*, **35**(1956), 223—248.

[3] E. Sawger, A characterization of a two-weight norm inequality for maximal operators, *Studia Math.*, Vol. **75**(1982) 1—11

[4] P. Jones, Factorization of A_p weights, *Ann. of Math.*, **111**(1980), 511—530.

[5] M. Giaquinta, Multiple Integrals in the Calculus of Variations and Nonlinear Elliptic Systems, Princeton University Press, 1983.

[6] Stredulinsky, Weighted Inequalities and Degenerate Elliptic Partial Differential Equations, Springer Verlag, Lecture Notes in Math., 1074, 1984.

[7] E. Fabes, C. Kenig and R. Serapioni, The local reqularity of solutions of degenerate elliptic equations, *Comm in P. D. E.*, **7**(1982), 77—116.

[8] C. Fefferman, The uncertainty principle, *Bull. Amer. Math. Soc.*, **9**(1983), 129—206.

[9] F. John and L. Nirenberg, On functions of bounded mean oscillation, *Comm. Pure Appl. Math.*, **14**(1961), 415—426.

[10] J. Garnett and P. Jones, The distance in BMO to L^∞, *Ann. Math.*, **108**(1978), 373—393.

[11] R. R. Coifman and R. Rochberg, Another Characterization of BMO, *Proc. Amer. Math. Soc.*, **79**(1980), 249—254.

[12] A. P. Calderón, On the behavior of harmonic functions near the boundary, *Trans. Amer. Math. Soc.*, 68(1950), 47—54

[13] E. M. Stein, Singular Integrals and Differentiability Properties of Functions, Princeton University Press, 1970.

[14] E. M. Stein and G. Weiss, On the theory of harmonic functions of Several variables, I The theory of H^p Spaces, *Acta. Math.*, **103**(1960), 25—62.

[15] C. Fefferman and E. M. Stein, H^p spaces of several variables, *Acta. Math.*, **129**(1972), 137—193.

[16] R. R. Coifman and G. Weiss, Extensions of Hardy Spaces and their uses in analysis, *Bull. Amer. Nath. Soc.*, **83**(1977), 569—646.

[17] M. H. Taibleson and G. Weiss, The molecular characterization of certain Hardy spaces, *Astéris que*, **77**(1980), 68—148.

[18] 韩永生 Calderon-Zygmund分解的一种形式以及在算子内插中的应用，中国科学，**7**(1983)，604—615.

[19] Y. Meyer, Real analysis and operator theory, preprint.

[20] R. R. Coifman, A. McIntosh and Y. Meyer, L^1 intégrale de Cauchy définit un opérateur borné sur L^2 pour les courbes Lipschitziennes, *Ann. Math.*, **116**(1982), 361—388.

[21] B. E. J. Dahlberg and C. E. Kenig, Harmonic Analysis and Partial Differential Equations, 1985.
[22] C. E. Kenig, Recent Progress on Boundary Value Problems for Lipschitz Domains, preprint.

《现代数学基础丛书》已出版书目

1 数理逻辑基础(上册) 1981.1 胡世华 陆钟万 著
2 数理逻辑基础(下册) 1982.8 胡世华 陆钟万 著
3 紧黎曼曲面引论 1981.3 伍鸿熙 吕以辇 陈志华 著
4 组合论(上册) 1981.10 柯 召 魏万迪 著
5 组合论(下册) 1987.12 魏万迪 著
6 数理统计引论 1981.11 陈希孺 著
7 多元统计分析引论 1982.6 张尧庭 方开泰 著
8 有限群构造(上册) 1982.11 张远达 著
9 有限群构造(下册) 1982.12 张远达 著
10 测度论基础 1983.9 朱成熹 著
11 分析概率论 1984.4 胡迪鹤 著
12 微分方程定性理论 1985.5 张芷芬 丁同仁 黄文灶 董镇喜 著
13 傅里叶积分算子理论及其应用 1985.9 仇庆久 陈恕行 是嘉鸿 刘景麟 蒋鲁敏 编
14 辛几何引论 1986.3 J.柯歇尔 邹异明 著
15 概率论基础和随机过程 1986.6 王寿仁 编著
16 算子代数 1986.6 李炳仁 著
17 线性偏微分算子引论(上册) 1986.8 齐民友 编著
18 线性偏微分算子引论(下册) 1992.1 齐民友 徐超江 编著
19 实用微分几何引论 1986.11 苏步青 华宣积 忻元龙 著
20 微分动力系统原理 1987.2 张筑生 著
21 线性代数群表示导论(上册) 1987.2 曹锡华 王建磐 著
22 模型论基础 1987.8 王世强 著
23 递归论 1987.11 莫绍揆 著
24 拟共形映射及其在黎曼曲面论中的应用 1988.1 李 忠 著
25 代数体函数与常微分方程 1988.2 何育赞 萧修治 著
26 同调代数 1988.2 周伯壎 著
27 近代调和分析方法及其应用 1988.6 韩永生 著
28 带有时滞的动力系统的稳定性 1989.10 秦元勋 刘永清 王 联 郑祖庥 著
29 代数拓扑与示性类 1989.11 [丹麦] I.马德森 著
30 非线性发展方程 1989.12 李大潜 陈韵梅 著

31 仿微分算子引论 1990.2 陈恕行 仇庆久 李成章 编
32 公理集合论导引 1991.1 张锦文 著
33 解析数论基础 1991.2 潘承洞 潘承彪 著
34 二阶椭圆型方程与椭圆型方程组 1991.4 陈亚浙 吴兰成 著
35 黎曼曲面 1991.4 吕以辇 张学莲 著
36 复变函数逼近论 1992.3 沈燮昌 著
37 Banach 代数 1992.11 李炳仁 著
38 随机点过程及其应用 1992.12 邓永录 梁之舜 著
39 丢番图逼近引论 1993.4 朱尧辰 王连祥 著
40 线性整数规划的数学基础 1995.2 马仲蕃 著
41 单复变函数论中的几个论题 1995.8 庄圻泰 杨重骏 何育赞 闻国椿 著
42 复解析动力系统 1995.10 吕以辇 著
43 组合矩阵论(第二版) 2005.1 柳柏濂 著
44 Banach 空间中的非线性逼近理论 1997.5 徐士英 李 冲 杨文善 著
45 实分析导论 1998.2 丁传松 李秉彝 布 伦 著
46 对称性分岔理论基础 1998.3 唐 云 著
47 Gel'fond-Baker 方法在丢番图方程中的应用 1998.10 乐茂华 著
48 随机模型的密度演化方法 1999.6 史定华 著
49 非线性偏微分复方程 1999.6 闻国椿 著
50 复合算子理论 1999.8 徐宪民 著
51 离散鞅及其应用 1999.9 史及民 编著
52 惯性流形与近似惯性流形 2000.1 戴正德 郭柏灵 著
53 数学规划导论 2000.6 徐增堃 著
54 拓扑空间中的反例 2000.6 汪 林 杨富春 编著
55 序半群引论 2001.1 谢祥云 著
56 动力系统的定性与分支理论 2001.2 罗定军 张 祥 董梅芳 著
57 随机分析学基础(第二版) 2001.3 黄志远 著
58 非线性动力系统分析引论 2001.9 盛昭瀚 马军海 著
59 高斯过程的样本轨道性质 2001.11 林正炎 陆传荣 张立新 著
60 光滑映射的奇点理论 2002.1 李养成 著
61 动力系统的周期解与分支理论 2002.4 韩茂安 著
62 神经动力学模型方法和应用 2002.4 阮 炯 顾凡及 蔡志杰 编著
63 同调论 —— 代数拓扑之一 2002.7 沈信耀 著
64 金兹堡-朗道方程 2002.8 郭柏灵 黄海洋 蒋慕容 著

65 排队论基础 2002.10 孙荣恒 李建平 著
66 算子代数上线性映射引论 2002.12 侯晋川 崔建莲 著
67 微分方法中的变分方法 2003.2 陆文端 著
68 周期小波及其应用 2003.3 彭思龙 李登峰 谌秋辉 著
69 集值分析 2003.8 李 雷 吴从炘 著
70 强偏差定理与分析方法 2003.8 刘 文 著
71 椭圆与抛物型方程引论 2003.9 伍卓群 尹景学 王春朋 著
72 有限典型群子空间轨道生成的格(第二版) 2003.10 万哲先 霍元极 著
73 调和分析及其在偏微分方程中的应用(第二版) 2004.3 苗长兴 著
74 稳定性和单纯性理论 2004.6 史念东 著
75 发展方程数值计算方法 2004.6 黄明游 编著
76 传染病动力学的数学建模与研究 2004.8 马知恩 周义仓 王稳地 靳 祯 著
77 模李超代数 2004.9 张永正 刘文德 著
78 巴拿赫空间中算子广义逆理论及其应用 2005.1 王玉文 著
79 巴拿赫空间结构和算子理想 2005.3 钟怀杰 著
80 脉冲微分系统引论 2005.3 傅希林 闫宝强 刘衍胜 著
81 代数学中的 Frobenius 结构 2005.7 汪明义 著
82 生存数据统计分析 2005.12 王启华 著
83 数理逻辑引论与归结原理(第二版) 2006.3 王国俊 著
84 数据包络分析 2006.3 魏权龄 著
85 代数群引论 2006.9 黎景辉 陈志杰 赵春来 著
86 矩阵结合方案 2006.9 王仰贤 霍元极 麻常利 著
87 椭圆曲线公钥密码导引 2006.10 祝跃飞 张亚娟 著
88 椭圆与超椭圆曲线公钥密码的理论与实现 2006.12 王学理 裴定一 著
89 散乱数据拟合的模型、方法和理论 2007.1 吴宗敏 著
90 非线性演化方程的稳定性与分歧 2007.4 马 天 汪宁宏 著
91 正规族理论及其应用 2007.4 顾永兴 庞学诚 方明亮 著
92 组合网络理论 2007.5 徐俊明 著
93 矩阵的半张量积:理论与应用 2007.5 程代展 齐洪胜 著
94 鞅与 Banach 空间几何学 2007.5 刘培德 著
95 非线性常微分方程边值问题 2007.6 葛渭高 著
96 戴维-斯特瓦尔松方程 2007.5 戴正德 蒋慕蓉 李栋龙 著
97 广义哈密顿系统理论及其应用 2007.7 李继彬 赵晓华 刘正荣 著
98 Adams 谱序列和球面稳定同伦群 2007.7 林金坤 著

99　矩阵理论及其应用　2007.8　陈公宁　编著

100　集值随机过程引论　2007.8　张文修　李寿梅　汪振鹏　高　勇　著

101　偏微分方程的调和分析方法　2008.1　苗长兴　张　波　著

102　拓扑动力系统概论　2008.1　叶向东　黄　文　邵　松　著

103　线性微分方程的非线性扰动(第二版)　2008.3　徐登洲　马如云　著

104　数组合地图论(第二版)　2008.3　刘彦佩　著

105　半群的 S-系理论(第二版)　2008.3　刘仲奎　乔虎生　著

106　巴拿赫空间引论(第二版)　2008.4　定光桂　著

107　拓扑空间论(第二版)　2008.4　高国士　著

108　非经典数理逻辑与近似推理(第二版)　2008.5　王国俊　著

109　非参数蒙特卡罗检验及其应用　2008.8　朱力行　许王莉　著

110　Camassa-Holm 方程　2008.8　郭柏灵　田立新　杨灵娥　殷朝阳　著

111　环与代数(第二版)　2009.1　刘绍学　郭晋云　朱　彬　韩　阳　著

112　泛函微分方程的相空间理论及应用　2009.4　王　克　范　猛　著

113　概率论基础(第二版)　2009.8　严士健　王隽骧　刘秀芳　著

114　自相似集的结构　2010.1　周作领　瞿成勤　朱智伟　著

115　现代统计研究基础　2010.3　王启华　史宁中　耿　直　主编

116　图的可嵌入性理论(第二版)　2010.3　刘彦佩　著

117　非线性波动方程的现代方法(第二版)　2010.4　苗长兴　著

118　算子代数与非交换 L_p 空间引论　2010.5　许全华　吐尔德别克　陈泽乾　著

119　非线性椭圆型方程　2010.7　王明新　著

120　流形拓扑学　2010.8　马　天　著

121　局部域上的调和分析与分形分析及其应用　2011.4　苏维宜　著

122　Zakharov 方程及其孤立波解　2011.6　郭柏灵　甘在会　张景军　著

123　反应扩散方程引论(第二版)　2011.9　叶其孝　李正元　王明新　吴雅萍　著

124　代数模型论引论　2011.10　史念东　著

125　拓扑动力系统——从拓扑方法到遍历理论方法　2011.12　周作领　尹建东　许绍元　著

126　Littlewood-Paley 理论及其在流体动力学方程中的应用　2012.3　苗长兴　吴家宏　章志飞　著

127　有约束条件的统计推断及其应用　2012.3　王金德　著

128　混沌、Mel'nikov 方法及新发展　2012.6　李继彬　陈凤娟　著

129　现代统计模型　2012.6　薛留根　著

130　金融数学引论　2012.7　严加安　著

131　零过多数据的统计分析及其应用　2013.1　解锋昌　韦博成　林金官　著

132　分形分析引论　2013.6　胡家信　著
133　索伯列夫空间导论　2013.8　陈国旺　编著
134　广义估计方程估计方程　2013.8　周　勇　著
135　统计质量控制图理论与方法　2013.8　王兆军　邹长亮　李忠华　著
136　有限群初步　2014.1　徐明曜　著
137　拓扑群引论(第二版)　2014.3　黎景辉　冯绪宁　著
138　现代非参数统计　2015.1　薛留根　著